하브루타 스피치

세상에
질문하는
아이로
키우는

하브루타 스피치

노우리 지음

피톤치드

프롤로그

하브루타, 최초의 짝은 부모

짝, 정감 있고 힘이 되는 존재다. 짝이 있어서 우리는 외롭지 않다. 어려움과 즐거움, 고민을 나누며 살아간다. 내 짝은 누가 있을까? 어려서는 친한 친구, 결혼해서는 배우자일 것이다. 짝의 개념을 좀 더 확대하면 스승, 선후배, 멘토까지 될 수 있다. 그러나 부모를 짝으로 떠올리는 사람은 별로 없다. 부모는 우리가 세상에 태어나서 처음 만나는 짝이다. 아이가 태어나는 그 순간, 부모도 부모로 태어난다. 그때부터 부모와 자녀는 함께한다. 아이가 성장하면서 이뤄내는 과업들을 보면서 환호한다. 처음 엄마라고 부르던 순간, 뒤집기에 성공하던 순간, 이유식을 먹기 시작한 날, 첫걸음을 뗀 날 등 부모는 그날의 감격을 잊지 못한다. 이렇게 부모와 자녀는 많은 것을 공유하며 함께 성장한다. 부모는 아이가 이 세상에 태어나 처음 만나는 짝이다.

최초의 짝은 누구도 갈라놓을 수 없는 견고한 사이가 된다. 그런데 이 견고함에 균열이 온다. 자녀가 크면서 자녀에 대한 기대와 욕심이 생기면서다. 부모는 자녀가 좀 더 잘 크고 좋은 환경에서 살기를 바란다. 잘 성장하게 돕고자 한다. 그런데 자녀는 이런 부모가 점점 힘들어진다. 자녀는 부모에게 벽을 만들어 간다.

하브루타 스피치 수업을 하면서 부모님에게 많이 듣는 말이 있다.

"애가 저를 닮아서 말주변이 없어요."

"애가 내성적이에요. 그래서 남 앞에서 말을 잘못해요. 사실 제가 그랬거든요."

부모는 자신의 어린 시절과 닮은 자녀의 모습과 행동에 놀란다. 그리고 자신감이 부족하고 숫기가 없고 내성적인 모습을 고쳐 주고 싶어 한다. 그래서 스피치 수업, 명상수업, 뇌교육 등 외부에서 그 해결책을 찾으려 한다.

각 분야에서 세계를 이끌어 가는 이들 중 유대인이 많다. 마크 저커버그, 스티븐 스필버그, 래리 페이지, 밥 딜런, 세르게이 브린은 모두 유대인이다. 고작 세계 인구의 0.3%를 차지하는 유대인이 노벨상 수상자의 30%, 아이비리그 진학률 30%, 세계 500대 기업 42%의 경영진을 차지한다. 그래서 세계적인 지식인, 기업인, 부호 등을 키워낸 유대인의 자녀 교육 방법은 오래전부터 관심을 받아왔다.

최근에 가장 주목받는 것이 하브루타로 수천 년간 이어져 온 유대인의 전통 교육방법이다. 하브루타란 '친구'나 '동료'를 뜻한다. 하브루타는 하나의 토론 주제를 두고 짝끼리 서로 대화하고 토론하면서 상호작용하고 답을 도출해낸다. '상대를 이기는 토론'이 아니라 '상대를 이해시킬 설득력을 갖춘 토론'이 목적이다. 그렇기에 상대방의 의견을 존중한다. 하브루타는 가정에서도 가능한 교육법으로 최근 여러 매체를 통해 소개되면서 주목받고 있다.

우리는 유대인 부모가 뛰어날 거라고 생각한다. 그러나 별반 다르지 않다. 유대인 부모도 우리와 같은 고민을 한다. 다른 것이 있다면 우리는 자녀 교육을 외부에서 도움을 얻으려 하고 그들은 가정에서 해결한다는 것이다. 유대인은 가정에서 부모와 자녀가 함께 토론하는 것이 익숙하다. 자녀와 함께 《탈무드》를 읽으며 토론하고 논쟁하며 자기 생각을 논리적으로 말한다. 이들에게 하브루타는 교육이 아니라 일상이고 문화이다.

하브루타 스피치는 진실된 애착을 기반으로 부모와 함께 생각을 나누고, 감정을 나누는 것이다. 그러면서 자녀가 성장하도록 돕는다. 사실 토론 문화가 우리에게는 익숙하지 않다. 토론을 하자고 하면 자녀나 부모 모두 난감해한다. 특히 부모세대는 자기 의사를 표현하는 기회가 적었다. "조용히 해.", "시끄러워.", "어디 어른한테 말대꾸야." 이런 말들을 들으며 자랐다. 소통하는 법을 모르고 자랐으니 자녀와 소통하기가 어렵다. 다행히 현재의 부모는 소통의 중요성을 알고 자녀와 소통하기 위해 노력한다.

그러나 방법을 몰라서 자녀에게 잘못된 방법으로 다가가 도리어 자녀의 입과 귀를 닫게 하고 있다. 어려서 부모와 제대로 소통하지 못했기 때문이다. 우리는 하브루타를 통해 이 문제점을 해결할 수 있을 것이다.

유대인은 태교에 많은 신경을 쓴다. 자녀가 뱃속에 있을 때부터 소통한다. 뱃속 아이에게 책을 읽어주고 많은 이야기를 들려준다. 아이가 태어나면 잠자리에서 책을 읽어주고 조상 때부터 전해 내려온 이야기를 들려준다. 부모는 차분하고 안정적인 목소리로 아이가 편안함을 느낄 수 있도록 한다. 자녀가 질문이 많아지는 시기가 오면, 자녀에게 다시 질문으로 대답하면서 자녀와 함께 세상을 알아간다. “이게 뭐예요?”라고 질문하는 아이에게 답을 알려주지 않고 답을 찾아가도록 한다.

어린 시절부터 부모와 함께 대화하고 질문하며 부모를 설득하는 기술을 배우는 아이는 자기 생각을 논리적으로 말하고 상대를 배려하며 말하는 방법을 알게 된다. 생각의 그릇도 깊고 넓어진다. 부모는 자녀에게 최초의 하브루타 스피치의 짝이 되는 것이다. 우리도 자녀의 첫 번째 하브루타 스피치 짝이 될 수 있다. 첫 번째 짝인 부모는 어두운 바닷길을 비추는 등대처럼 자녀의 미래를 밝힐 길잡이가 될 것이다. 이 책이 그 길잡이 역할에 도움이 되기를 바란다.

하브루타 스피치는 낯선 곳을 여행하는 것과 같다. 분명 하브루타 스피치는 낯설고 어렵다. 이름마저 생소한 하브루타 스피치가 아이에게 일상이 되게 하려면 부모가 먼저 하브루타 스피치와 친해야 한다. 우리는 낯선 곳을 여행하기 위해서 먼저 계획을 세운다. 여행 계획을 세울 때 분명 낯선 곳에 대한 두려움이 있다. 하지만 새로운 도전과 설렘, 즐거움도 분명 있다. 하브루타 스피치라는 낯선 여행을 두려워하기보다 사랑하는 내 자녀가 즐거워하며 새로운 것을 깨닫고 행복해하는 모습을 기대하기 바란다. 자녀가 자기 생각을 당당하게 이야기하는 모습, 논리적으로 설명하고 토론하는 모습, 창의적으로 생각하는 모습, 세상에 감사하며 행복을 알아가는 모습을 상상해보자!

가정의 문화는 부모로부터 시작된다. 하브루타 스피치를 교육의 방법으로만 접근해서는 안 된다. 가족이 함께 만들어 가야 한다. 이를 위해 부모가 먼저 노력해야 한다. 가족의 규율이 생기고 그것이 문화가 되기까지 많은 시행착오와 시간이 필요하다. 충분한 시간이 지나면 어느새 하브루타 스피치의 열매를 맺을 것이다.

이 책이 나오기까지 많은 이들의 도움이 있었다. 자신보다 나를 먼저 생각해주며 내 꿈을 지지해주는 존경하는 남편 김성준님. 그 누구도 아닌 나에게 와준, 내가 꿈꿀 수 있게 해주는 존재 그 자체로 감사한 딸 김벼리, 아들 김이든. 딸 일이라면 두 손 두 발 걷어 도와주시는 딸 바보 노병철 · 허영숙 님. 내가 책을 쓸 수 있도록 채찍질해주고, 나의 꿈을 응원해주시는 박비주 대표님을 비롯한 트윙클 컴퍼니 식구들에게 감사하다. 내가 선한 영향력을 가지려 노력하고 그 영향력을 베풀 수 있도록 나에게 감사와 사랑을 주신 모든 분들께 감사를 전한다.

노우리

2부 명품 부모, 명품 자녀로 함께 성장하기

1부

소통의 마법사, 하브루타

1장

내 아이 명품교육
하브루타 스피치

유대인 교육?
우리 집 교육!

#특별하게 태어난 것이 아니라 특별하게 하는 교육

"아무도 나를 최고의 자리에 앉혀 주지 않는다. 나를 최고의 자리에 앉혀 주는 것은 오직 노력뿐이다."

아시아 최초로 세계 5대 발레단인 독일 슈투트가르트 발레단에 입단한 강수진은 2007년 독일로부터 우리나라 중요무형문화재에 해당하는 캄머 탬처린(궁중 무용가) 상을 받은 발레리나이다. 대중은 그녀가 발레를 위한 몸을 가졌다고 말한다. 하지만 강수진은 발레를 위해 태어난 몸은 없다고 말한다. 다른 이들이 두 발을 땅에 내디디며 편하게 걸을 때 그녀의 발가락은 온몸을 지탱하여 곧게 세우기에 집중했다. 굳은살로 울퉁불퉁해진 그녀의 발가락은 발레리나로서 그녀가 치열하게 살았다는 증표이다.

하브루타 스피치를 이야기하면 어떤 이들은 똑똑한 유대인이기에 가능한 교육이라고 말한다. 유대인 자체가 똑똑하기에 노벨상 수상자가 많으며 세계적인 부호도 많다고 생각한다. 하지만 유대인의 평균 IQ는 우리나라 평균 106점에 무려 12점이나 낮은 94점이다. 우리나라 초등학생의 평균 IQ는 세계 4위이며 학업성취도는 세계 2위이다. 오히려 한국인이 유대인보다 지능지수가 높다.

유대인이 많은 노벨상을 받을 수 있었던 것은 IQ 지수가 아니라 그들의 문화와 교육의 영향이다. 유대인들은 역사적으로 수많은 박해를 받으며 살아갈 터전도 없이 떠돌던 민족이었다. 정착지가 없던 이들에게 종교와 교육은 민족의 정체성을 유지하는 중요한 매개였다. 그들에게 가장 중요한 과업은 아무도 빼앗아갈 수 없는 재산을 만드는 것으로 바로 몸에 새기는 교육이다. 교육은 오랜 세월을 거치며 유대인을 특별하게 했다.

유대인은 최고의 두뇌로 태어나지는 않았지만 최고의 사고를 하도록 교육했다. 유대인 부모는 자녀가 끊임없이 생각하게 한다. 꾸준히 자극을 주는 것을 중요하게 생각한 그들은 자녀들에게 질문하는 것을 교육방법으로 선택했다. 질문하고 대답하고 그 대답에 다시 질문하기를 반복한다. 정답을 요구하는 질문이 아닌 생각할 거리를 주는 질문이다. 교육을 위한 특별한 질문이 있는 것이 아니라 세상의 모든 것이 질문의 소재가 되었다. 살아가면서 마주하는 모든 것에 계속 질문하게 했다. 생각을 뒤집도록 질문하거나 돌려서 혹은 꼬아서 질문했다.

아이들은 호기심이 많다. 유대인은 머릿속에 있는 호기심을 입 밖으로 내뱉도록 한다. 잠깐 스치는 생각이 아니라 생각하고 질문하고, 생각하고 토론하여 호기심을 해결하도록 한다.

영·유아기에는 손의 움직임을 통해 뇌가 자극을 받는다. '잼잼', '곤지곤지' 등의 놀이는 손과 발의 자극을 통해 두뇌활동을 끌어낸다. 그러다가 점차 주된 자극원이 '입'으로 바뀌는데 이는 젖병이나 장난감을 물고 빠는 구강기 수준을 넘어 생각하며 말하면서 사고가 확장되는 것이다. 질문하고 생각하면서 뇌를 예열하고 입으로 토론하는 것을 반복하면서 뇌를 활동하게 만드는 것이 유대인의 교육법이다.

4차 산업혁명 시대에는 '비판적 사고'가 필요하다. 하브루타 스피치 교육은 특별한 프로그램을 통해 비판적 사고 능력을 확장하는 것이 아니라 일상의 대화를 통해 두뇌를 역동시켜 비판적 사고를 하도록 한다. 하브루타 스피치는 비판적 사고력을 증진할 뿐 아니라 생각의 한계를 허물어 확산적 사고를 하게 한다. 질문과 토론을 반복하면서 창의적으로 사고하게 만든다. 문제를 다양한 시각으로 바라보면서 틀에 갇힌 사고가 아닌 창의적 사고를 통해 문제를 해결한다. 그 결과 유대인은 세계적인 학자, 기업가, 예술가 등을 배출하게 되었다.

#교육도 벤치마킹 시대

유대인 가정의 교육 방법을 우리 가정에 그대로 접목할 수는 없다. 나라마다 문화 차이가 있고 해석 방법이 다르다. 벤치마킹이 필요하다. 벤치마킹은 경제 용어로 다른 기업의 장점을 가져와 배운 후 새로운 생산 방식을 재창조하는 것이다. 단순 모방과는 차원이 다르다.

'제록스'는 사무용 복합기 전문회사로 세계 시장을 석권했으나 후발 업체가 등장하면서 하위 기업으로 밀려나고 말았다. 당시 제록스의 CEO인 데이비드 컨스는 제록스 제품이 팔리지 않는 이유가 궁금했다. 그는 경쟁회사의 제품을 모조리 분해했다. 아주 작은 부품 하나부터 이음새 하나까지 분해하고 분석해 그 결과를 자사 제품에 적용하여 신제품을 출시했다. 제록스는 동종 업계의 경쟁업체만 분석하지 않았다. 시스템을 보완하기 위해 의류업체 시스템도 벤치마킹했다. 그 결과 생산 효율을 가져와 많은 수익을 냈다.

하브루타 교육도 벤치마킹할 수 있다. 이를 위해서는 먼저 하브루타가 무엇인지 알아야 한다. 아이에게 질문하는 것이 좋다고 배웠던 한 어머니가 학교를 마치고 돌아온 아이에게 대뜸 "오늘 선생님께 무슨 질문했니?"하고 묻는다면 아이는 어떨까? 갑작스러운 질문에 당황하거나 질문 이면에 숨겨진 뜻이 있는지 불안해할 것이다. 같은 질문이라도 유대인 가정과 우리는 상황이 다르다. 유대인의 정치, 경제, 사회, 문화는 종교의 영향을 많이 받았다. 그들은 구약성서 특별히 토라에 근거하여 여러 사회 활동을 결정한다. 학문 역시 토라를 읽고 해석하는 탈무드를 기초로 한다. 부모는 탈무드의 교육과정과 진도를 잘 알고 있으며 내용도 알고 있다. 그러기에 "오늘은 무슨 질문했니?"하고 물어도 자녀와 충분히 소통할 수 있다. 하지만 우리는 자녀가 학교에서 무엇을 배웠는지 잘 모른다. 따라서 "오늘은 무슨 질문했니?"라고 묻기 전에 "오늘 학교생활은 어땠니?"로 대화의 문을 열어야 한다. 그러고 나서 다음 질문으로 나아가자.

"오늘 학교에서 무엇을 배웠니?"

"공부할 때 궁금한 점은 없었니?"

"궁금한 점은 선생님께 질문해보았니?"

"선생님께 질문하지 않은 이유가 있니?"

자녀가 질문하지 않았다고 나무라지 말자. 자녀가 질문하기 어려운 상황일 수도 있으니 다그치지 말아야 한다. 대신 어떻게 하면 자녀가 질문할 수 있을지 함께 고민해 보아야 한다. 쉬는 시간에 선생님께 찾아가 질문하거나 수업이 끝나기 전에 손을 들어 질문할 수도 있다. 자신이 할 수 있는 질문 방법을 함께 찾아가는 것이 하브루타 스피치이다.

두 번째, 하브루타 스피치를 단기간에 끝내려 하지 말자. 몇 달간 가족이 함께 하브루타 스피치를 했다. 곧잘 질문도 하고,

토론 기술도 늘면서 부모는 이제 자신이 해야 할 일을 마쳤다고 생각하기 쉽다. 부모가 나태해지면 자녀는 편했던 과거로 돌아간다. 서서히 작동하기 시작한 사고의 톱니바퀴는 다시 멈추게 된다. 결국은 하브루타를 시도하지 않은 것과 같은 상태가 된다. 하브루타가 우리 가정의 문화로 자리 잡도록 지속하는 꾸준함이 있어야 한다.

세 번째, 하브루타를 우리 가정의 문화로 재창조해야 한다. 한 어머니가 '애플'을 창립한 세계적인 기업가 스티브 잡스가 책을 많이 읽고 아침 일찍 명상으로 뇌를 깨웠다는 것을 알게 되었다. "스티브 잡스는 책을 많이 읽었단다. 아침마다 명상으로 뇌를 깨운다네. 그러니 너도 지금 바로 책 읽자. 이제 아침에 엄마가 20분 일찍 깨울게. 명상하고 학교 가자."라고 말하는 것은 잘못된 적용이다. 책을 읽고 명상하는 습관은 좋은 것이다. 하지만 그것은 스티브 잡스에게 좋은 것이다. 스티브 잡스에게 맞는 것이 내 자녀에게 맞지 않을 수 있다. 내 자녀의 체력과 리듬을 알고 관심사가 무엇인지, 적합한 학습 방법은 무엇인지, 효율적인 스케줄 관리는 어떻게 해야 하는지 관찰하고, 자녀와 의논하며 정해야 한다.

하브루타는 일률적이지 않다. 100명의 사람이 있으면 100가지의 생각이 있고, 100가지의 방법이 있다. 다름을 중요하게 여기며 각자의 개성을 존중하는 것이 하브루타 스피치다.

과정이 빛나는 교육

우리나라는 인터넷 최강국이다. 세계 어느 나라와 비교할 수 없을 정도의 빠른 인터넷 속도는 우리 삶을 윤택하게 만들었다. 읽고 싶은 책을 오전에 주문하면 오후에 내 집에서 편하게 받아 볼 수 있다. 저녁에 주문한 식재료는 다음날 새벽 현관 앞에 배송되어 아침 밥상에 오른다. 인터넷은 우리 삶을 편하고 안락하게 만들었다. 무엇보다 우리 욕구에 빠르게 반응한다.

SNS는 자기표현의 도구로 적극적으로 활용된다. SNS을 통해 일상을 공유하며 자신이 누구인지를 드러낸다. 트위터와 페이스북, 인스타그램은 물론 유튜브와 브이로그 등의 '좋아요'를 자기 긍정의 도구로 삼는다. 맛집을 찾아 인증사진을 찍고, 셀럽이 소개한 물품을 구매하여 언박싱하기도 한다. 해외 여행지의 인증사진은 필수가 되었다. 한 장의 사진을 올리기 위해 수백 장의 사진을 찍고 보정 작업을 하는 수고도 마다하지 않는다. 하지만 우리는 보정된 사진 이면을 볼 수 없다. 게시된 사진과 내 일상을 비교할 뿐이다. 누군가는 멋지고 화려하게 사는데 나는 늘어난 티셔츠를 입고 육아에 매달리는 것 같다. 다른 집은 늘 좋은 곳으로 여행하고 근사한 식당도 자주 가는 것 같다. 자녀들은 부모 말을 잘 따르며 공부도 잘하는 것 같다.

"엄마 친구 아들이 전교 1등을 했어. 대치동 영어 학원에 다니는데 너도 거기 다닐래?"

공부 잘하는 아이를 보며 내 아이도 같은 학원에 보내야 하는 것은 아닌지 고민한다. 다른 집 아이가 학원 다섯 곳을 다니면 내 아이도 다섯 곳을 다녀야 마음이 놓인다. 그렇지 않으면 뒤처지는 것 같아 불안하다. 내 자녀가 남들보다 한 발 앞서가야 마음이 편하다. 꼭 SNS 사진을 보며 부러워하는 모습과 흡사하다. 그러나 행복해 보이는 SNS 사진 이면에는 애면글면 살아가는 삶의 현실이 있기 마련이다.

대치동에 있는 학원을 다녀서 친구 아들이 1등한 것일까? 분명 그 아이의 노력이 있었다. 학원이 그 아이의 성적의 전부인 듯 접근하는 것은 옳지 않다. 이런 사고는 자녀의 사고 능력과 문제해결 능력을 제한한다. 엄마 친구 아들은 학원에서뿐 아니라 혼자서 공부했을 것이다. 나만 뒤처지는 것 같은 불안함은 마음의 병을 키운다. 더하여 부모가 나서서 모든 일을 결정짓고 해결한다면 자녀는 성인이 되어서도 부모의 손길을 필요로 한다. 스스로 선택하고 책임질 줄 모른다.

인재가 많은 실리콘밸리에서는 자녀를 교육하는데 있어 결과보다 과정을 중시한다. 빠른 결과를 도출하기보다 문제해결 과정을 경험토록 한다. IT 기계의 사용을 멈추고 아날로그 방식으로 교육한다. 결과보다 과정에서 더 많은 것을 배운다는 것을 알기 때문이다. 아날로그 교육은 장애물을 만나 넘어졌을 때 다시 일어서는 법을 가르친다. 어려운 문제를 해결했을 때 성취감을 느끼게 한다. 일정을 조절하며 스스로 문제를 해결해가는 법을 배운다. 그뿐만 아니라 힘들 때 도움을 청할 수 있는 용기도 얻게 된다. 남들이 앞서가도 자기만의 속도를 유지하는 마음의 여유를 얻는다. 결정에 따른 책임감을 강조한다. 수없는 도전에 획득한 성취로 인해 '나는 다시 일어설 수 있다.'라는 확신을 얻게 된다.

부모가 자녀의 목표를 정하고 다그치면 분명 목표에는 빠르게 이를 수 있다. 하지만 자녀의 행복은 보장할 수 없다. 신체는 성장하겠지만 생각과 마음은 자라지 않는다.

#교육의 첫 시작, 가정

가장 효과적인 교육방법은 몸으로 익히는 것이다. TV 프로그램 영재발굴단에 어린 과학영재가 출연했다. 아이는 아버지에게 해는 어떻게 뜨는지 질문했다. 아버지는 곧바로 짐을 꾸려 동해로 갔다. 그리고 어린 아들에게 새벽녘 수평선 넘어 떠오르는 해를 보여주었다. 굳이 동해까지 가지 않아도 인터넷에서 쉽게 일출 영상을 찾을 수 있다. 하지만 아버지는 아이가 직접 경험하고 보는 것이 더 오래 기억에 남을 것으로 생각하고 행동했다. 직접 몸으로 익힌 경험은 뇌를 역동하게 한다. 경험은 오감을 통한다. 청각, 시각, 촉각, 후각, 미각은 몸의 구석구석을 자극하여 우리 뇌에 더 큰 자극을 준다. 즉, 오감을 통한 경험은 뇌를 더욱 활발하게 움직이게 한다.

오늘날 우리는 앉은 자리에서 유명한 콘서트 실황을 들을 수 있다. 먼 걸음 하지 않아도 블루투스 스피커로 집이나 캠핑장, 혹은 내가 있는 곳에서 좋은 음향을 즐길 수 있다. 그럼에도 우리는 연주회를 가고 콘서트를 간다. 악기의 정밀한 울림, 연주자들의 숨소리, 관객들의 호흡 등을 직접 듣고 느낄 수 있기 때문이다. 직접 몸으로 부딪혀서 음악을 들으면 스피커로 듣는 것보다 우리 뇌는 더욱 역동적으로 움직이게 된다.

영재발굴단에 출연한 어린 영재들은 공통된 특징이 있다. 대체로 책을 가까이 하고 경험이 많다는 것이다. 세계문화유산에 관심이 많은 자녀를 위해 아버지는 아이가 다섯 살이 되자 함께 세계여행을 다녔다. "다섯 살이 뭘 알아?", "좀 더 크면 가자." 하며 단정 짓지 않았다. 아이가 몸으로 직접 느낄 수 있도록 아버지는 최선을 다했다. 다섯 살 꼬마 과학자로 출연한 아이 역시 이와 같았다. 수많은 가전제품을 분해하고 다시 조립했다.

가장 효과적인 교육은 경험이다. 그리고 가정은 이를 가장 먼저 체험할 수 있는 곳이다. 그렇기에 부모는 안전한 울타리를 제공하며 아이가 마음껏 경험할 수 있도록 해야 한다. 부모의 든든한 울타리 속에서 자녀가 해보고 싶은 것, 궁금한 것을 해결하여 최대치의 경험을 하도록 도와야 한다. 이를 위해서 부모의 인내가 필요하다. 다섯 살 꼬마 과학자의 부모는 자녀가 다른 아이보다 뒤처지는 것은 아닌지, 말썽꾸러기는 아닌지 걱정이 많았다고 한다. 하지만 아이를 믿으며 인내하며 과정을 지켜보았더니, 아이는 되레 깊이 있게 세상을 바라보는 눈을 가지게 되었다. 아이가 몸으로 부딪혀 오감으로 느끼는 경험은 아이에게 성취감을 주고 세상을 깊이 있게 바라보게 한다.

하브루타 스피치는 과정을 중요하게 여기는 교육이다. 하브루타 스피치는 분명 열매가 있다. 가정에서 부모와 자녀가 함께 하브루타 스피치를 하면 분명 놀라운 열매를 맺을 것이다.

스피치는
강력한 스펙이다

"하여튼 저 입만 살아서…."

엄마는 말대답하는 어린 내게 말씀하셨다. 입만 살아있다고 꾸중 듣던 나는 정말 말로 먹고살고 있다. 과묵한 아이가 성숙한 아이라고 여기던 시대가 있었다. 궁금한 것을 못참고 질문이 많은 아이, "왜요?"하고 묻는 아이는 되바라지고 예의가 없다고 생각했다. 지금은 아니다. 말 잘하는 것이 능력인 시대다. 프레젠테이션은 일상이 되었고, 자기 생각을 논리적으로 정리해 말하는 것은 최고의 업무 능력이 되었다. 잘 설득해야 성공도 한다.

흔히 말을 잘하는 능력은 타고 태어난다고 생각한다. 그래서 말솜씨가 부족한 사람들은 지레 낙담한다. 말은 기술이다. 배우고 익히면 충분히 향상된다. 말의 덕을 본 사람은 더욱 말을 잘하기 위해 공부하고 노력한다.

생각보다 스피치를 배우러 학원을 찾는 성인 학생도 많다.

면접을 앞둔 취업준비생은 물론, 주부, 프레젠테이션을 준비하는 회사원, 반평생 말을 잘하지 못해 힘들었다는 어르신도 수업에 참여한다. 말을 못 해 부당한 대우를 받았던 경험이 많았기에 더 성실하게 수업에 임하고 스펀지처럼 수업 내용을 흡수한다. 왜 성인들이 수업에 참여할까? 바로 먹고사는 문제, 생계와 연결되기 때문이다.

나는 어릴 때부터 말이 많은 아이였다. 말을 잘해서 칭찬받기도 했지만 주체하지 못하는 말로 실수도 많았다. 그런 날은 밤에 잠이 오지 않았다. '왜 그렇게 말했을까? 다르게 말할 수도 있었는데….' 실수를 되짚어 보며 실수하지 않는 방법을 찾았다. 그래서 남들보다 조금 빨리 말을 잘 할 수 있게 된 것 같다. 말을 잘 하기 위해서는 말이 트이는 시기부터 '말하는 법'을 공부하는 것이 좋다. 말은 습관이다. 아이는 자라면서 말하는 방법에 자신만의 습관을 더한다. 잘못된 습관을 없애는 것도 중요하지만 애초에 올바른 습관을 들이는 것이 좋다.

요즘 유튜버가 되고 싶어 하는 초등학생들이 많다. 크리에이터는 사람의 이목을 집중시켜 콘텐츠를 소개한다. 같은 콘텐츠를 다루어도 어떻게 소개하느냐에 따라 조회 수는 달라진다. 크리에이터는 재미를 주면서도 구독자가 원하는 정보를 제공해야 한다. 비단 크리에이터뿐만이 아니다. 4차 산업혁명 시대에는 비판적 사고와 함께 소통 능력이 있어야 한다. 다양한 학문이 융합하고 새로운 창조를 끌어내는 시대에 소통의 기술은 필수이다. 또한 좋은 인간관계를 위해서도 필요하다. 그래야 이 세상을 외롭지 않게 어울려 잘 살아갈 수 있다.

#누구는 하고, 누구는 못하는 것

학교 조회시간이면 한결같이 교장 선생님의 훈화가 있었다. 초등학생 때부터 고등학생이 될 때까지 12년을 들었는데 딱히 기억에 남는 훈화 내용은 없다. 대부분 "친애하는 우리 OO학교 여러분~", "이상~", "마지막으로~" 등 끝날 듯 끝나지 않아 지루했고 오래 서 있어서 다리가 아팠던 것만 기억한다.

초등학교 4학년이 되어 수련회를 갔다. 친구들과 함께 밤새워 놀 수 있다는 마음에 무서운 조교 선생님의 극기훈련도 참을 수 있었다. 캠프파이어 시간, 조교 선생님은 종이컵에 초를 낀 촛불을 하나씩 들게 하더니 눈을 감게 했다. '어머니의 은혜'라는 노래가 잔잔하게 흘러나왔다. 그 음악에 분위기가 한순간에 숙연해졌다.

"이렇게 하루 떨어져 지내보니 부모님의 소중함을 알겠습니까?"

조교 선생님의 몇 마디에 모두가 훌쩍이더니 이내 눈물바다가 되었다. 12년 동안 매주 듣던 훈화 말씀은 기억하지 못하면서 수련회에서의 부모님을 향한 고백은 추억으로 오랫동안 남았다.

이것이 바로 말하기의 기술이다. 많이 안다고 해서 말을 잘하는 것이 아니다. 내가 알고 있는 것을 상대방의 마음까지 잘 전달해야 한다. 물건을 살 때 물건의 질과 서비스를 결정하는 것은 판매자가 아니라 구매자다. 같은 제품을 두고 90%의 사람이 긍정적인 평가를 해도 나머지 10%의 사람은 부정적일 수 있다. 만족도는 구매자의 환경과 상황에 따라 달라진다. 말 또한 그렇다. 내 입에서 나가는 말이지만 내 말의 질을 결정하는 것은 말을 듣는 상대방이다. 듣는 이가 이 말이 좋은 말인지, 한 귀로 듣고 한 귀로 흘려버릴 말인지 결정한다. 그렇기에 상대방이 어떤 상황인지 파악하고 필요에 맞게 전달해야 한다.

부모는 가끔 자녀를 향한 배려를 놓칠 때가 있다. 적절한 때를 기다리기보다 직설적으로 배려 없이 말하여 아이의 마음을 상하게 한다. 부모는 자식의 눈과 귀를 막지 말아야 한다. 교장 선생님의 훈화와 같은 잔소리는 귀를 닫게 한다. 하브루타는 단순히 말을 잘하는 훈련이 아니다. 질문하고 소통함으로 상대방의 의견을 묻고 조율하는 교육이다. 하브루타 스피치를 잘하기 위해서는 무엇보다 진심이 담겨야 한다. 이는 상대방의 이야기를 주의 깊게 듣겠다는 마음가짐으로 시작한다. 자녀의 가장 가까운 짝인 부모는 하브루타 스피치로 진심과 배려가 담긴 소통을 해야 한다. 그래야 자녀의 마음을 움직인다. 부모가 아이의 마음을 알아가고 아이의 감정을 인정해주는 하브루타 스피치를 실천한다면 아이는 자연스럽게 하브루타 스피치를 익히게 된다. 타인의 마음을 울리는 사람으로 성장하게 될 것이다.

스피치는
웅변이 아니다

스피치는 대화와 다르다. 스피치는 웅변도 아니다. 1970~80년대에는 웅변학원이 많았다. 하지만 오늘날은 일방적인 외침인 웅변이 아니라 소통이 기반인 스피치가 필요하다. 스피치는 대화나 면접, 강의, 연설, 강연 따위에 필요한 말하기 기술로 논리적이고 당당한 태도로 말하는 것이다. 스피치를 발표라고 생각하는데 그렇지 않다. 스피치는 혼자 이야기하는 것이 아니다. 스피치는 상대와 소통한다. 자기 생각을 듣는 이가 오해 없이 잘 이해할 수 있도록 쉽게 이야기하는 기술이다. 이를 위해 제스처, 표정, 자세까지도 고민하고 연구한다.

스피치는 이제 일상이 되었다. 예전에는 프레젠테이션이나 발표를 할 때 내용 전달에 주력했다. 내용을 잘 전하려면 잘 준비한 글을 읽으면 된다. 굳이 사람들을 모아 프레젠테이션을 할 필요가 없다. 활자 이면에 드러나지 않은 정보를 상대에게 전하고 또한 질문을 통해 공통의 요구를 찾아가는 활동이 프레젠테이션이다.

스티브 잡스가 애플의 신형 아이폰 모델을 소개할 때면 전 세계가 그를 주목했다. 스티브 잡스는 한 번의 프레젠테이션을 위해 시선, 제스처, 화법, 목소리의 크기, 억양, 속도뿐 아니라 본인에게서 나오는 에너지까지 확인하고 연습했다. 프레젠테이션의 달인이라 불리는 스티브 잡스가 왜 매번 수많은 기획서를 작성하고 동영상을 찍어 피드백하면서 훈련했을까? 상대에게 내용을 전달하기가 쉽지 않다는 사실을 알기 때문이다. 스티브 잡스는 "청중은 우리에게 완벽을 요구하지 않는다. 그저 정보를 재미있게 전달하는 것, 무대를 자연스럽게 마무리하는 것이 더 중요하다."라고 말했다.

스티브 잡스는 청중이 정보를 효과적으로 듣고 경험하는 것에 목적을 두고 스피치했다. 상대방이 눈으로 보고 귀로 들으며 몸으로 정보를 습득하도록 온몸으로 스피치하는 것이다.

#열린 마음으로 존중하는 스피치

유대인은 부모와 스승에 대한 존경심을 중요하게 가르친다. 부모는 권위가 있는 존재임을 어릴 때부터 인지시킨다. 유대인에게 부모는 인생에서 첫 짝이자, 첫 스승이 되기 때문이다. 우리나라에서도 부모와 스승에 대한 존경심을 강조하나 태도가 다르다. 우리는 부모와 스승이 이야기하면 묵묵히 듣는 것이 예의라고 생각한다. 하지만 하브루타는 존경하는 부모, 스승과도 목소리를 높여가며 논쟁한다. 어린 사람과의 논쟁도 받아들일 수 있는 열린 마음이 있다. 우리는 아이는 어른과 토론할 수 있는 위치가 아니라고 생각한다. 어른과 아이를 수직적 관계로 보는 문화에서 아이가 어른에게 "저는 당신과 생각이 다릅니다."라고 말하기는 어렵다.

하브루타는 토론을 많이 한다. 토론을 하면 불가피하게 논쟁이 벌어지기도 한다. 유대인들에게 하브루타 논쟁은 일상이기에 하브루타가 끝나면 아무 일 없다는 듯 원래의 관계로 돌아간다. 감정의 쓰레기를 남겨놓지 않는다.

하브루타 스피치는 연습이 필요하다. 질문하고 경청하는 법을 배워야 한다. 토론에서의 열린 마음도 배워야 한다. 자신의 생각을 잘 전달하는 스피치 기술도 배워야 한다. 단순히 하브루타 사고로 끝나지 않고 설득의 과정인 스피치까지 확장되어야 한다.

가장 좋은 방법은 부모가 연습을 통해 자녀에게 몸소 하브루타 스피치를 보여주는 것이다. 그게 힘들다면 부모가 자녀와 함께 하브루타 스피치를 공부하면 된다!

4차 산업혁명 시대에 필요한 하브루타

#인공지능을 이기는 지적 호기심

4차 산업혁명 시대는 초지능·초연결사회이다. 이동통신 기술이 발전하면서 네트워크로 연결되는 기기와 데이터가 폭발적으로 증가하는 초지능 사회가 도래하였다. 데이터 처리와 분석, 딥러닝 기반의 인공지능 분야 등은 초지능을 기하급수적으로 연결한다. 이제는 공상 만화에서 보던 자동차가 스스로 움직이고 로봇이 집 안을 청소하는 일이 현실이 되었다. 기술의 풍요를 누리는 측면에서 낙관적으로 해석하기도 하지만, 한편으로는 인공지능이 사람의 일자리를 위협한다고 우려한다.

인공지능이 할 수 없는 영역을 찾아야 한다. 바로 지적 호기심이다. 호기심은 새롭거나 신기한 것에 끌리는 마음이다. 인간은 호기심을 가지고 태어난다. 아기들은 손과 발을 움직이며 호기심을 표출한다. 만져보고 입에 넣어 물고 빨아보면서 관찰하고 분석한다. 말을 갓 시작하는 아이에게 이 세상은 호기심 천국이다.

하지만 아이가 초등학교에 들어가면 달라진다. 왜 그럴까? 교사와 학생의 수직적인 구조와 일방적인 주입식 교육이 학생들의 호기심을 죽였다. 최근 교육 문화가 많이 변화되었지만 여전히 주입식이 많은 부분을 차지한다. 적극적으로 학교에서 호기심을 펼칠 수 있도록 교육환경을 개선해야 한다. 부모는 학교에서 맘껏 펼치지 못한 호기심을 가정에서 하브루타 스피치를 통해 펼치도록 도와야 한다. 그래야 비판적이며 창의적인 사고를 할 수 있다.

호기심에도 깊이가 있다. 영·유아기와 청소년기의 호기심은 차원이 다르다. 영·유아기의 호기심은 단순한 호기심으로 사물의 유무에 관심을 둔다. 점차 확장된 호기심은 인과관계를 질문한다. 하지만 최고 차원의 호기심은 인과관계를 뛰어넘는 추상적이고 복합적인 질문이다. 예를 들어 유아기에는 공룡 자체에 관심이 있다. 학령기가 되면 공룡의 종류와 특징에 관심이 많다. 그리고 공룡이 사라진 이유를 궁금해 한다. 그리고 '만약에~'라는 질문으로 새로운 가능성을 모색하기도 한다. 단순한 호기심에서 시작하여 인과관계를 묻고, 더 확장하여 사물의 깊이, 철학, 가치관 등에 궁금증을 느끼게 된다. 인공지능은 거대한 데이터를 가지고 있을 뿐, 이면에 관계성을 알거나 새로운 차원의 융합적인 질문을 먼저 하지는 못한다.

지적 호기심이 있어야 깊이 있고 창조적인 생각을 할 수 있다.

“나는 누구인가?”

“나는 어디서 왔는가?”

“사람은 왜 죽어야 하는가?”

존재와 가치 등을 찾고 추구하는 질문이 지적 호기심이다. 지적 호기심은 단순 호기심에서 확장된다. 아이작 뉴턴의 만유인력 법칙은 “사과는 왜 위에서 아래로 떨어지지?”라는 단순 호기심에서 시작되었다. 이는 곧 “달은 하늘에 있는데 왜 떨어지지 않는 것인가?”라는 지적 호기심으로 발전하였다. 인간의 뇌는 호기심을 해결할 때 흥분하며 신경전달물질인 도파민을 분비하여 뇌를 역동적으로 움직이게 한다. 즉, 한번 호기심을 충족해본 아이들은 다시 호기심을 충족하려 한다. 또한 호기심은 계속 생각할수록 깊고 넓은 호기심으로 변화한다. 언뜻 말이 안 되는 듯한 엉뚱한 자녀의 호기심까지도 잘 들어주고 해결하도록 도와야 한다. 정답을 알려주는 것이 아니라 호기심에 답을 찾아가는 키를 던져주어야 한다. 하브루타 스피치는 질문에 질문을 거듭함으로 자녀 스스로가 호기심의 답을 찾아가는 과정을 경험한다. 단순 호기심에 답을 제시하는 차원에서 멈추지 않고 깊은 질문으로 나아가도록 한다.

2장

기절의 대화,
기적의 대화

소통인가? 호통인가?

#가장 쉬운 훈육, 호통

"내가 아들에게 가장 많이 하는 말은 무엇일까요?"

JTBC 예능 프로그램 〈아는 형님〉에 나온 임창정이 동료 연예인에게 질문했다.

"하지 마!". "안돼.", "야!" 등의 대답이 나왔다. 모두 정답이 아니다.

아들 형제를 키우는 이수근이 말했다.

"쓰~읍."

정답이다. TV를 보면서 웃음이 났다. 아들 키우는 게 쉽지 않은 두 아버지의 마음이 느껴졌다. 자녀를 양육하는데 훈육은 꼭 필요하다. 부모는 훈육을 잘 하고 싶어 하지만 그게 잘 되지 않는다. 훈육은 자녀에게 도덕심, 예절, 행동 등을 가르치는 것이다. 자녀를 기르면서 가장 많이 하는 말은 아마도 "엄마가 하지 말라고 했지?"일 것이다. 마음에 들지 않은 모습에 꾹 참다가 폭발해 소리치며 화를 내기도 한다. 자녀를 보면 "똑바로 해.", "공부해.", "숙제해." 등이 튀어나오기도 한다.

자신의 말에 자녀의 행동이 바뀌면 부모는 훈육의 효과라고 착각한다. 순순히 말을 잘 따르는 아이를 보며 '나는 훈육을 잘 하는 엄마구나.'라고 생각한다면 훈육을 잘못 이해하고 있는 것이다. 생각없이 행동 변화만을 추구하는 명령이나 지시는 훈육이 아니다.

자녀에게 부모가 하늘이던 때가 있다. 하늘과 같은 엄마가 화난 표정을 지으며 "해.", "하지 마."라고 한다면, 아이는 무서워진다. 내 생각을 이야기하면 엄마에게 말대꾸한다고 혼날 것 같다. '엄마 말대로 하지 않으면 더 크게 혼나겠지? 그러니 엄마 말 들어야지.'라는 생각에 엄마 말을 따른다. 그러나 '왜 하지 말아야 하는지?', '왜 해야 하는지?'는 모른다. 엄마 역시 그 이유를 설명해 주지 않는다.

자녀가 성장하면서 자기 정체성이 생기고 자신만의 세계가 자리 잡는다. 스스로 생각하고 판단하는 기준을 세우고 가치관이 생긴다. 부모의 말이 자녀의 세계를 강압적으로 억누르면 반항하기도 한다. '아, 엄마 또 저래. 내 마음도 모르면서. 이래서 엄마랑은 말이 안 통해. 내가 말을 말아야지.'라고 생각하면서 더는 이야기하지 않으려고 한다. 훈육이라 생각했던 호통이 불통을 부른 것이다. 부모는 자녀가 왜 입을 닫고 말하지 않는지 답답해한다.

불통의 관계가 된 것은 지시하고 명령했기 때문이다. 지시와 명령은 쉽다. 쉬운 만큼 부모와 자녀의 관계는 소원해진다. 반대로 훈육은 힘들지만 자녀와 부모의 관계를 가깝게 한다. 물론 "안돼." "하지 마."라는 말도 해야 할 때가 있다. 자녀에게 안 되는 것, 하지 말아야 할 것을 당연히 가르쳐야 한다. 하지만 왜 안 되는지 이유를 설명해 주고 다른 방법은 없는지 함께 생각해 보아야 한다. 격앙된 목소리가 아니라 차분하고 단호한 목소리로 금해야 할 것, 혹은 반드시 해야 할 것을 알려주어야 한다. 격앙된 목소리는 자녀의 말문을 막는다. 편하게 이야기할 수 있는 분위기를 만들어 자녀 생각을 들어보고 더 나은 방법을 함께 찾아야 된다.

또한 가족들 간의 규칙을 만드는 것도 좋다. 규칙을 정할 때 무조건 규칙을 강요하지 않도록 한다. 자녀와 함께 기대치를 미리 정하고 행동의 결과를 감당하도록 한다. 규칙을 어기면 그에 따르는 결과를 검토하게 하는 것도 중요하다. 자녀가 규칙을 이해하고 있으면 덜 저항한다.

행동에는 이유가 있다. 그 행동을 왜 했는지 이유를 들어 주는 것도 훈육이다. 〈슈퍼맨이 돌아왔다〉를 보는데 한 장면이 눈에 들어왔다. 샘 해밍턴의 부인이 둘째 출산을 준비하기 위해 짐을 꾸리고 있었다. 그런데 갑자기 윌리엄이 빨래 건조대를 올라가기 시작했다. 샘은 윌리엄이 위험하지 않게 빨래 건조대를 잡아주었다. 윌리엄은 양말 한 짝을 가지고 와 엄마에게 건네주었다. 엄마의 발이 시리지 않도록 양말을 가지고 온 것이다.

대다수의 부모는 큰소리부터 나갈 것이다. 빨래 건조대를 올라가는 자녀를 보는 순간 "위험해. 내려와."라고 소리지를 수 있다. 건조대에서 떨어져 다칠 수 있기 때문이다. 하지만 샘은 아무 말도 하지 않고 빨래 건조대를 잡아주었다. 윌리엄에게 이유가 있을 것이라고 믿었기 때문이다. 내가 만약, 샘 해밍턴처럼 믿어주지 못하고 "내려와!"라고 소리쳤다고 실망하지는 말라. 이제 아이에게 소리친 이유를 말해주면 된다.

"엄마 발을 따뜻하게 해주고 싶어서 양말을 꺼내려고 올라갔구나. 고마워. 근데 빨래 건조대를 올라가는 것은 위험한 일이야. 그러니 다음부터는 엄마나 아빠에게 부탁해. 그러면 엄마 아빠가 내려줄게. 너가 직접 올라가는 건 위험해."

훈육이 어려운 것은 안 되는 이유를 알려주는 과정이 필요해서다. 그러나 이런 과정이 있어야 자녀와 소통하게 된다. 호통은 불통을 부른다. 호통치기보다 자녀의 행동의 이유를 묻고 자녀의 입장과 감정을 고려하자.

#성실은 소통의 기본이다

친구를 만나기 위해 8개월 된 아이를 유모차에 태워 카페에 갔다. 유모차에 있는 것이 갑갑했던지 찡얼거리다가 울기 시작했다. 아이를 안아 올려 다독였다.

"우리 아가, 갑갑했구나. 근데 아가야, 주변에 사람들이 많지? 모두 일 보시는데 우리 아가가 소리를 지르면 사람들이 불편하지 않을까? 이런 곳에서는 조금 작은 목소리로 이야기해줘. 엄마는 작은 목소리도 들을 수 있거든."

그러자 아이의 울음소리가 잦아들었다. 말은 이해할 수 없어도 엄마의 따뜻한 목소리와 눈빛이 무슨 말을 하는지 아이에게 전달된 것이다.

자녀와 소통을 잘 하기 위해서는 성실하게 대화해야 한다. 뱃속 아기에게도 계속 목소리를 들려주며 대화해야 한다. 아기가 태어나면 더욱 성실하게 소통해야 한다. 아기랑 끊임없이 이야기하는 것은 체력적으로 힘들다. 그래도 "엄마 화장실 다녀올게. 조금만 기다려줘.", "오늘은 결혼식에 갈 거야. 결혼식은 사람이 아주 많아서 우리 아가가 힘들 수 있어." 등 상황에 맞는 말을 해주어야 한다. 그러다 자녀가 대화할 수 있는 나이가 되면 질문도 해야 한다.

우리 아버지 세대는 열심히 사셨다. 가족을 부양하기 위해서, 좀 더 나은 환경에서 자녀를 키우기 위해 쉬지 않고 일하셨다. 은퇴 후, 노년이 되니 외롭다. 자녀들은 엄마만 따르고, 아내는 친구만 찾는다. 시간이 많아졌지만 가족들과 함께하는 시간은 별로 없다. 이게 대다수 아버지들의 모습이다. 그러나 나의 아버지는 다르다. 나와 동생은 수시로 아버지와 전화하며 많은 이야기를 나눈다. 시시콜콜한 이야기부터 중요한 일까지 아버지와 의논한다. 이런 모습을 본 아버지 친구 분들이 아버지를 많이 부러워한다고 들었다.

아버지는 내가 어릴 때부터 우리 남매와 함께하려 노력하셨다. 퇴근 후 회식하기보다 일찍 퇴근해 놀아주셨다. 주말에는 가족과 함께 전국을 여행했다. 그러나 아버지 친구 분들은 달랐다. 회식과 술자리를 사회생활의 일부로 여겨 중요시했고 주말에는 거실 소파에 누워 TV 리모컨과 한 몸이 되었다. 주말에 쉬시는 아버지를 귀찮게 해서는 안 되었다. 그러다 보니 자녀들은 방에서 나오지 않고 아버지와 더욱 대화가 없게 되었다. 그런데 시간이 흘러 "너희도 이제 컸으니 나와 대화하자."라고 하면 자녀들은 어떻게 반응할까? '갑자기? 왜? 난 아버지랑 할 말이 없는데.'라고 하지 않을까.

자녀와 소통하는 부모가 되고 싶다면 자녀가 어릴 때부터 많이 대화해야 한다. 부모가 성실하게 소통해 준 자녀는 정서적으로 보호받고, 어른이 되었을 때 성숙한 인간관계를 맺고 다른 사람과 소통도 잘 한다.

질문 없는 기절의 대화

#말로 기절시키는 엄마

소통의 중요성을 배운 한 학부모가 집에서 열심히 소통을 시도했다. 몇 달 뒤 학생의 어머니로부터 연락이 왔다.

"선생님, 우리 애가 방에서 나오질 않아요. 하브루타 스피치 하기 전보다 더 멀어진 것 같아요."

"어머니, 어머니께서 하는 말을 다 적어서 보여주세요."

얼마 후 문자가 왔다.

"오늘 학교 잘 다녀왔니? 수업시간에 안 졸았지? 밥 먹고, 학원 가자."

"숙제 많지? 숙제해."

"핸드폰 그만 보고 엄마랑 얘기 좀 하자"

"엄마가 공부 잘하는 A 친구와 친하게 지내라고 했잖아. 친하게 지내고 있지? 걔는 어떻게 그렇게 공부를 잘한다니. 그 아이 엄만 좋겠다."

"너 미역국 좋아하잖아. 국 좀 팍팍 먹어."

"주말에 엄마가 영화 예매해놨어. 오랜만에 데이트하자."

엄마가 건넨 말 대부분은 '예', '아니오'로 답할 수 있는 말이거나 혹은 지시와 명령이었다. 부모가 원하는 답을 요구하는 것은 대화가 아니다. '말 폭격'이다. 말 폭격을 대화로 착각하는 부모가 많다. 의도하지는 않았겠지만 자녀를 일방적으로 몰아붙이면 자녀는 부모의 말 폭격에 숨이 막힌다. 결국 궁지에 몰렸다고 생각하며 숨게 된다.

숨통이 트이는 대화는 상호작용이 있다. 상호작용은 관심에서 시작된다. 물론 모든 부모는 자녀에게 관심이 있다. 하지만 관심도 잘 구분해야 한다. 참된 관심이란 '존재' 자체에 대한 관심이다. 성적, 이성 관계, 신체적 성장 등 외부적인 변화에 관한 관심이 아니라 자녀의 숨겨진 이야기에 집중해야 한다. 자녀가 말하지 않으면 쉽게 알 수 없는 생각과 고민 등에 집중하는 것이다. 이런 것들은 보이지 않기 때문에 질문하기 쉽지 않다.

"오늘 기분은 어땠니?"

"네가 하고 싶은 것은 무엇이니?"

"왜 그렇게 생각하니?"

지금까지는 자녀의 생각을 물어보지도 않았고 자녀가 자기 이야기를 해도 잘 듣지 않았다. 자녀의 관심이 무엇인지가 아니라 부모가 하고 싶은 말을 하는 게 우선이었다. 자녀는 부모에게 하고 싶은 말이 많은데, 부모의 말 폭격에 숨이 막히는 것이다. 결국 하고 싶었던 이야기들은 계속 축적된다. 마음속에 켜켜이 쌓여있는 감정과 생각, 고민은 터지기 마련이다. 적절한 시기에 소통의 물꼬를 터야 한다. 그렇지 않으면 잘못 분출될 가능성이 커진다.

자녀에게 관심이 없는 부모는 없다. 다만 관심의 방향이 잘못되었을 뿐이다. 관심의 방향만 바꿔도 자녀를 알게 되고, 이해하게 되며 부모의 말 폭격은 줄어든다. 줄어든 말수만큼 부모의 귀는 열린다. 자녀의 이야기가 더 듣고 싶어지고 함께 만들어 가는 변화에 기대감이 생긴다. 자녀의 내면에 집중하면 자녀는 자기 이야기를 시작하고 점차 부모의 이야기도 집중해 들을 준비를 한다.

#질문으로 우리 아이 심폐 소생하기

부모와 자녀 모두를 말 폭격에서 구하는 가장 좋은 방법은 '질문'이다. 질문은 관심과 호감의 표현이다. 관심이 없다면 궁금한 것도 없다. 갓 연애를 시작한 연인은 상대에 관한 모든 것이 궁금하다. '아침에 잘 일어났는지', '밥은 먹었는지', '출근은 잘했는지', '오늘 직장에서 별일은 없었는지' 등 사소한 것까지 알고 싶고 공유하고 싶다. 질문으로 자신을 향한 애정을 확인하기도 한다. 연인이 자신에게 질문이 없다면 애정이 식었다고 느낀다. 자녀에게도 연애를 시작하는 마음으로 질문해야 한다.

"오늘 아침 컨디션은 어때?"

"학교에서 뭐가 즐거웠어?"

"먹고 싶은 거 있어?"

"너랑 영화 보고 싶은데 시간 어때? 보고 싶은 영화 있어?"

자녀의 기분과 상황, 좋아하는 것과 싫어하는 것을 질문하며 알아가야 한다. 사소한 일상에 관심을 갖고 질문하는 부모에게 자녀는 마음을 연다. 질문에도 순서가 있다. 일상적이고 사소한 것부터 시작해야 한다. 연인관계에서 한 사람이 일방적으로 진도를 나가면 상대방은 멈칫하게 된다. 자녀도 이와 같다. 속도가 중요하다. 부모가 지금까지 일방적인 말 폭격을 하다 갑자기 아이의 생각을 묻는다면 아이는 당황한다. 뜬금없이 내면을 찌르는 질문을 받으면 자녀는 지레 겁을 먹고 물러선다. '엄마가 왜 이러지? 무슨 꿍꿍이가 있는 걸까?'라고 생각한다. 서두르지 말고 서서히 사소한 질문부터 시작하자.

스피치 수업을 받던 한 초등학생이 있었다. 발표도 논리정연하게 잘하고 승부욕도 강해 모든 일에 최선을 다하는 아이였다. 하지만 자기 생각을 표현하는 것은 무척 힘들어했다. 항상 예시를 듣거나, 다른 친구가 발표한 후 자기 생각을 정리했다.

'이 아이도 자기 생각을 잘 할 수 있는 아이인데.'

나는 이 아이에게 욕심이 생겼다. "선생님이 도와주고 기다려 줄게. 넌 충분히 할 수 있어." 아이가 생각을 정리할 수 있도록 격려했다. 하지만 아이는 한 문장도 쓰지 못했다. 매 순간 모든 것을 엄마가 정해주는 환경에서 자랐기에 스스로 생각하고 선택하는 경험이 없었다는 것을 나중에 알게 되었다. 그런 학생에게 내가 너무 갑자기 다가선 것이다. 그동안 '마음이 얼마나 힘들었을까?' 생각하니 미안했다.

"선생님이 부담을 줘서 미안해. 네 마음이 준비되지 않은 걸 내가 미처 몰랐어. 마음의 준비가 되면 그때 나한테 알려줄래?"

아이의 속도를 존중하기로 했다. 그리고 스스로 할 수 있을 때까지 기다렸다. 얼마 지나지 않아 아이는 자기 생각을 세 줄이나 적었다. 누군가의 생각과 글을 모방하지 않고 자기 생각을 온전히 자기의 힘으로 작성하자 아이는 더 당당하고 즐겁게 발표할 수 있었다.

자녀도 마음의 준비가 필요하다. 작은 질문으로 관심을 표현하자. 그 관심이 마음의 문을 여는 열쇠가 될 것이다.

질문과 함께하는 기적의 대화

"질문이 뭐라고 생각하세요?"

대다수가 아마도 "상대에게 물어보는 거요."라고 대답할 것이다. 국어사전에 '질문'의 뜻을 찾으면 '모르거나 의심나는 점을 물어 대답을 구하는 것'이라고 나와 있다. '질문'의 뜻을 모르는 이는 없다. 하지만 이 '질문'을 자녀에게 하면서 부모는 지금까지 경험하지 못했던 어려움을 느끼게 된다. 많은 부모가 자녀에게 질문하는 것을 힘들어한다. 첫째는 익숙하지 않아서, 둘째는 배우지 않아서이다. 질문도 기술이 있다. 하브루타 스피치는 그 기술을 배운다.

"넌 어떻게 생각하니?"

하브루타 스피치에서 가장 기본적인 뼈대가 되는 질문은 생각을 묻는 것이다. "동생과 사이좋게 지내는 방법에 대해 넌 어떻게 생각하니?", "엄마의 생각은 이런데 넌 어떻게 생각하니?" 등 생각을 묻는 말을 다양한 상황에 적용할 수 있다.

질문하는 것이 어렵다면, 기본부터 시작하자. "넌 어떻게 생각하니?" 생각을 묻는 말이 익숙해지면 질문 기술은 늘어나게 된다.

육하원칙을 적용하면 구체적이고 깊이 있는 질문을 할 수 있다. '누가, 언제, 무엇을, 어떻게, 왜, 어디에서' 육하원칙을 모르는 부모는 없다. 여섯 단어를 잘 이용하면 좋은 질문을 할 수 있다.

	부모	자녀
누가	"네 삶의 주인은 누구일까?"	"저예요"
무엇을	"그래, 그럼 넌 무엇을 하고 싶니?"	"의사가 되고 싶어요."
왜	"왜 의사가 되고 싶어?"	"의사가 되어서 아픈 아이들을 치료해 주고 싶어요."
어떻게	"그 마음이 기특하네. 의사가 되려면 어떻게 해야 할까?"	"음… 열심히 공부해서 의대를 가야 해요."
언제	"그래 의대를 가야 의사가 될 수 있겠구나. 그럼 의대를 가기 위해 공부를 해야 한다고 말했는데 공부는 언제 하는 것이 좋겠니?"	"저녁 먹고 30분 운동하고 샤워하고 바로 공부해야겠어요."
어디서	"너는 어디서 공부할 때 집중이 잘되니?"	"제 방에서 문 닫고 조용히 공부할 때요."

육하원칙을 이용하면 질문의 내용이 풍부해지고 대화가 꼬리를 물고 이어진다. 또한 생각하는 방법을 모르는 자녀에게는 생각할 수 있는 방법을 알려준다. 육하원칙을 사용하여 구체적으로 질문하면 머릿속에만 있던 잡히지 않던 구름같은 생각이

명확해지는 것이다.

부모와 함께하는 하브루타 스피치 수업을 진행하면 첫 수업부터 어려워하는 분들이 있다. 부모는 최대한 감정을 제어하며 "넌 어떻게 생각하니?" 자녀의 생각을 묻는다. 하지만 어느 순간 본래 모습이 나온다. "왜 이걸 생각하지 못하니? 이렇게 하면 되잖아."라며 정답을 제시한다. '아차'하며 후회하지만 엎질러진 물이다. 이미 자녀의 생각을 요구하지 않고 부모가 지시해 버리고 만 것이다.

질문의 대한 답은 부모가 아니라 자녀가 해야 한다. "넌 어떻게 생각하니?"라고 물었다면, 아이가 답할 때까지 기다려야 한다. 생각할 때 아이의 뇌는 역동적이게 된다. '아, 우리 아이가 열심히 뇌를 사용하고 있구나.'하며 기다리자. 그럼 아이들은 기적과 같은 답으로 우리를 놀라게 할 것이다.

좋은 질문,
나쁜 질문

자녀가 생기면 부부의 관심은 오롯이 자녀에게로 향한다. 어떻게 하면 우리 아이를 행복하고 건강하게 잘 키울 수 있을까 고민한다. 자녀를 위해서 부모는 최선의 것을 선택한다. 신선한 고기를 고르고, 과일과 채소도 흠 없는 것을 찾아 바구니에 담는다. 세탁세제도 성분을 따지고, 옷의 소재도 꼼꼼하게 살펴 구매한다. 자녀를 위해 조금이라도 더 나은 것을 선택하기 위해 자료를 찾고 정보를 알아보며 소비한다.

자녀를 위해 생활환경을 바꾸는 것만큼이나 질문도 중요하다. 좋은 질문을 해야 한다. 질문에도 좋은 질문과 나쁜 질문이 있다. 질 나쁜 재료로 음식을 해서 먹으면 몸이 상하듯 나쁜 질문은 자녀의 마음을 다치게 한다. 마음이 상한 아이는 마음의 문을 닫고, 자신감이 잃고 자신을 존중하는 마음 역시 낮아진다. 나쁜 질문은 악순환의 꼬리가 되어 자녀의 자존감을 낮추며 자기비하로 이어진다. 결국 질문을 하지 않는 것보다 못한 결과를 낳는다.

좋은 질문을 하기 위해서는 나쁜 질문이 무엇인지 알아야 한다. 그래야 실수를 줄일 수 있다. 나쁜 질문은 무엇일까?

첫째, 답이 정해져 있는 질문이다. 이런 질문은 뇌의 역동을 이끌어내지 못한다. 생각을 확장할 수도 없다. 답이 정해져 있기에 분명한 정답을 말해야 한다. 정답을 말하지 못하면 틀린 것, 잘못된 것이 된다. 이러한 질문은 학교에서 보는 시험과 같다. 지금까지 배운 내용을 얼마나 알고 있는지 확인하는 질문이다. "사람이 건너는 신호등은 어떤 색일까?", "2 더하기 3은?", "강아지똥 작가는 누구지?" 등 답이 정해져 있는 질문은 생각의 지평을 확장시키지 못한다. "숙제했니?", "학원 가야지?", "내일 준비물 미리 챙겼지?" 등의 질문 역시 그렇다. "네.", "아니오."로 답할 수밖에 없는 질문은 부모가 원하는 행동을 수행했는지 확인할 뿐이다.

둘째, 비아냥거리는 말투로 구체적인 논제에서 벗어난 질문이다. 정리정돈이 되지 않은 자녀의 방을 보면 화가 난다. 주도적으로 자기 공간을 정리하고 해야 할 일을 하면 좋을텐데 아이는 아이이다. 부족한 자녀의 모습을 보면서 "넌 누굴 닮아서 정리정돈을 안 하니?"라고 하는 것은 자녀와 배우자 모두를 비난하는 말이다. 또한 정리정돈을 하게 이끌지 못하고 자녀를 자기비하에 빠지게 한다. 아이는 정리정돈을 해야겠다는 생각을 하지 못하고 '난 누굴 닮았지? 나 엄마 닮았는데….' 하며 자기 비하의 늪에 빠지게 된다. '난 정리정돈이 안 되는 부족한 아이구나.'라는 생각을 하면서 자존감이 낮아진다.

셋째, 자녀의 수준을 고려하지 않은 질문이다. 자녀가 어릴 때는 "사랑해요.", "윙크", "이쁜 짓~" 등 꺄르르 웃기만 해도 부모는 행복했다. 아이가 점차 성장하면서 부모의 만족과 행복은 자녀 존재 자체가 아니라 주변 상황에 좌지우지된다. 부모는 자녀가 학업 성적이 높고 좀 더 높은 수준의 문제를 해결하길 원한다. 부모의 욕심대로 어려운 수준의 문제를 질문하였다가 자녀가 대답하지 못하면 부모는 당장 지식을 전달하려고 한다. 자녀의 수준을 고려하지 않고 질문하고 수준 높은 대답을 요구할 때에 자녀는 마음이 어려워지기 시작한다. 부모 이야기를 편하게 듣지 못한다. 자존심에 상처를 입는다. 이는 자녀의 마음에 깊은 흉터를 남기는 것이다.

#소통의 문을 열어주는 좋은 질문

나쁜 질문을 피했으니 이제 좋은 질문으로 자녀와 소통을 시도해야 한다. 좋은 질문은 무엇일까?

첫째, 자기 생각을 서술하게 하는 질문이다. 정해져 있는 답을 말하는 질문이 아니라 자녀가 스스로 답을 만들어 가도록 하는 질문이다. "숙제했니?"는 숙제를 했는지 확인하는 질문이다.

숙제는 반드시 해야 한다. 숙제하지 못했다면 이 질문은 꾸지람으로 이어진다. "숙제 언제 하고 싶니?"하고 물어보는 것은 숙제를 위한 계획을 아이 스스로 세우고 숙제를 하겠다는 의지를 준다. 준비물을 미리 준비하도록 하는 것도 이와 유사하다. "내일 준비물 있어?"라고 묻고 준비물을 언제 챙기면 좋을지 질문하면 된다. "깜박할 수 있으니 지금 준비할게요."라고 대답하면 당장 부모의 마음은 가볍다. 하지만 "나중에요."라고 대답할 수도 있다. 그럴 땐 잠시 후 다시 확인하면 된다. "나중에 잊지 않도록 하려면 어떻게 하는 것이 좋겠니?" 다시 물어 주면 아이는 준비물을 챙기는 것을 쉽게 생각했다가 다시 돌아보게 된다. 자녀가 스스로 생각해야 그 주제가 아이의 뇌에 더 강하게 각인된다. 부모가 지시한다면 당장은 행동으로 옮기겠지만, 아이가 스스로 생각한 것이 아니기에 뇌에 각인이 되지 않아 변화를 꾀하기 어렵다.

둘째, 논제에 대해 구체적으로 질문해야 한다. 논제를 벗어난 질문은 혼돈을 초래한다. "누굴 닮아서 이러니?", "잘한다.", "이것도 못하면서 커서 뭐 될래?" 한다면 아이들은 '난 누굴 닮았지?', '나 잘못했구나.', '난 커서 뭐가 되지?' 하고 생각하게 된다. 이는 부모가 말하고자 하는 논제에서 완전히 벗어난 것이다. 자녀에게 이야기 하고 싶은 주제를 정확하고 구체적으로 전달해야 한다. "집이 좀 지저분하지 않니?" 이 질문에 동의한 자녀에게는 "지저분한 네 방을 어떻게 하면 좋을까?"라고 계속 물으며 언제 할 것인지, 누구와 할 것인지, 스스로 결정해서 행동하게 하는 것이다.

셋째, 리액션 질문을 잘해야 한다. 리액션이란 상대의 말에 반응하는 표현이다. 사람은 자신을 좋아 해주고, 자신의 말을 잘 들어주는 이에게 끌린다. 리액션 질문은 '나는 너에게 관심을 기울이고 있단다.'를 보여준다. 리액션 질문을 잘 하기 위해선 먼저 자녀의 말을 잘 들어야 한다. 집중해서 들어야 그 말에 관해 질문할 수 있기 때문이다. 이를 위해 자녀 생각에 한 발짝 더 깊이 들여가야 한다. "엄마, 한글은 세종대왕과 집현전 학자들이 만들었어요."라고 말하는 아이에게 "세종대왕과 집현전 학자들은 왜 한글을 만들었을까?"라며 아이가 이 논제에 대해 한 번 더 생각하도록 한다. 또한 리액션 질문으로 자녀 의견에 반하거나 다른 관점을 가질 수 없는지 역으로 물을 수도 있다.

유대교의 율법학자이자 선생인 랍비가 그의 제자들에게 들려준 이야기이다.

두 아이가 굴뚝을 청소했다. 한 아이는 얼굴에 검댕을 묻혀 새까맣고 다른 아이의 얼굴은 깨끗했다. 랍비는 질문했다. "과연 둘 중에 누가 얼굴을 씻을 것 같니?" 제자들은 "얼굴에 검댕이 묻는 사람이요."라고 대답했다.

"아니, 얼굴이 깨끗한 아이야. 얼굴이 깨끗한 아이는 검댕이

묻은 아이의 얼굴을 보고 자기 얼굴에도 묻었겠다고 생각했고 세수할 거야."

"아~ 그렇군요."

그런데 랍비는 이어 이야기했다.

"그런데 말야. 다시 생각해 보자. 어떻게 같은 굴뚝에서 두 아이가 청소했는데 한 아이만 검댕이가 묻을 수 있겠니?"

하나의 논제의 근본적인 부분까지 의심해 보게 하는 좋은 리액션 질문이다.

아이는 잘못 없어요

유치원생인 민찬이는 친구들에게 인기가 없었다. 친구들을 위협하고 여자친구들에게도 “어디 감히 여자가….” 하며 폭력적인 언어를 사용했다. 민찬이의 언어는 또래 유치원생들이 사용하는 언어가 아니었다. 직접 폭력을 사용하지는 않았지만 주먹을 쥐고 때리려는 행동을 본 친구들은 매우 놀랐다. 이러다 보니 민찬이 옆에 아무도 앉으려 하지 않았다. 하지만 민찬이는 마음이 여린 아이였다. 겉으로 거친 언어를 사용하고 위협적인 행동을 하지만 친구들이 발표할 때면 집중하고, 친구들의 발표가 끝나면 가장 많은 박수를 보냈다. 또한 민찬이는 누구보다 친구들의 필요에 민감하게 반응하며 세심하게 챙겨주는 아이였다. 친구가 연필이 없으면 먼저 연필도 건네는 아이였다.

민찬이 어머니와 상담했다. 어머니는 민찬이 아버지가 가부장적이라서 그 영향을 많이 받은 거 같다고 말씀하셨다. 평소 집에서 아버지가 어머니에게 “어디 감히 여자가….”라는 말을 자주 하고, 마음에 들지 않은 행동을 할 때면 어머니나 민찬이에게 주먹을 들어 위협적인 행동을 보이기도 하셨다고 했다. 어머니는 민찬이 생각에 눈물을 훔치셨다.

'아이는 어른의 거울이다.' 아이에게 잘못이 없다는 생각이 들었다. 모두 부모의 잘못이었다. 아이는 가치관이 성립되기 전에 부모의 말과 행동을 보며 닮아가는 것이다.

"민찬아, 민찬이는 친구들과 함께 놀고 싶지 않니? 선생님은 민찬이가 친구들 발표도 잘 들어 주고 물건도 잘 빌려주는 모습을 봤거든. 그래서 물어보는 거야"

"놀고 싶은데 친구들이 안 놀아 줘요."

"왜 안 놀아 줄까?"

"제가 맨날 괴롭혀서 그렇대요."

"민찬이는 어떻게 친구들을 괴롭히는데?"

"무섭대요. 난 안 때리는데. 시늉만 하는 건데"

"그렇구나. 시늉하는 걸 친구들은 맞은 것과 같은 느낌을 받았나보다 그지? 왜 때리는 시늉을 하는 거니?"

"음…."

"천천히 이야기해도 괜찮아."

"이렇게 하니까 애들이 저한테 관심을 가져요. 엄마도 맨날 동생만 보는데 동생한테 이렇게 하면 엄마가 저를 봐줘요"

"민찬이는 친구들이랑 엄마가 민찬이를 봐주기를 바라는구

나. 근데 민찬아, 꼭 그런 행동을 해야 관심을 받을 수 있을까?"

"다른 것도 있어요?"

"선생님은 더 좋은 방법이 있을 것 같은데"

"선생님, 저는 모르겠어요."

"민찬이 지금 선생님하고 무슨 공부하는 거야?"

"하브루타 스피치요."

"하브루타 스피치는 뭐라고 했더라."

"제 생각을 이야기하는 거라 했어요."

"그럼 민찬이 생각은 뭐야."

"저도 엄마가 관심 가져 주면 좋겠어요. 친구들이랑도 같이 놀고 싶어요."

"엄마한테 '엄마 저 관심이 필요해요.'라고 말하면 어떨까?"

"해볼게요."

며칠 뒤 민찬이 어머니에게 전화가 왔다. "선생님, 민찬이가 엄마가 동생도 보지만 자신도 좀 봐주면 좋겠다고 이야기하네요. 엄마가 좋은데 엄마가 동생만 봐서 속상했다고. 민찬이가 감당하기 힘들어서 한 제 행동들이 민찬이를 더 힘들게 한 거 같아요. 이제 저도 아이를 위해 공부해야겠어요." 민찬이가 서서히 변화하기 시작했다. 친구들에게 "그동안 괴롭혀서 미안해. 너희랑 놀고 싶어서 그랬어."라고 사과도 하고 거친 말도 서서히 순화되었다.

아이는 투명하다. 아이는 부모의 모습을 그대로 투명하게 보여준다. 아이의 잘못을 나무라기 전에 "뭐가 널 힘들게 하니? 네가 원하는 건 무엇이니?"라고 물어보자. 아이의 잘못된 행동을 보고 '쟤는 왜 저럴까?'가 아닌 부모인 내 행동을 돌아봐야 한다.

#뭘 해야 할지 모르겠어요

새해가 되고 고등부 논술반에 한 학생이 어머니와 함께 와 등록했다. 키도 크고 듬직한 학생이 유치원생처럼 어머니 손에 끌려 학원에 등록한 것이다. 논제를 주고 글을 쓰라고 하면 형식이는 두 줄이 최선이라고 했다. 수시로 내게 "선생님 제가 이걸 왜 배워야 해요?"라고 물었다. 그렇게 한 달의 시간이 지나고 더는 이렇게 수업할 수 없어 둘만의 시간을 갖고 이야기를 나누었다.

"형식아, 넌 어느 대학이 가고 싶어?"

"저 가고 싶은 대학이 없어요. 그냥 성적에 맞춰 가려고요."

"그래. 그럼 넌 뭐가 하고 싶어?"

"하고 싶은 거 없어요."

"그럼 넌 뭐가 재미있니?"

"리니지요"

"리니지 게임 좋아하는구나. 리니지 다음으로 재미있는 것은 없어?"

"모르겠어요."

"그럼 다음 수업까지 한번 생각해볼래?"

"네."

"대신 진짜 진지하게 생각해보기로 선생님이랑 약속해줄래?"

"네."

다음 수업 시간이 되었다.

"선생님 저 할 말이 있어요."

"생각해 봤어?"

"선생님 제가 재미있어 하는 게 뭔지 생각해보니까. 앞에 나와서 후배를 가르쳤던 경험이 있는데요. 그때 진짜 재미있고 뿌듯했어요. 그래서 저 선생님이 되고 싶어요. 가능할까요?"

"오, 멋져! 그래서 어떤 과목을 하고 싶어?"

"저 국사 좋아해요. 국사 선생님이 되고 싶어요."

"그래? 국사 선생님이 되려면 어떻게 해야 해?"

"제 성적으론 사범대학은 힘들어요. 성적을 올려야 해요. 또 논술도 열심히 공부해야 해요. 대부분 논술 시험이 있다고 들었어요."

"그럼 선생님이랑 계획을 짜볼까?"

그렇게 형식이는 스스로 공부 계획서를 작성했다. 물론 공부하면서 중간중간에 수정도 하며 상황에 맞게 계획서를 만들어 나갔다. 논술을 위해 읽지 않던 책도 읽었다. 두 줄이 최선이었던 글쓰기도 하고자 하는 마음이 생기니 어느새 꽤 길게 자기 생각을 서술하게 되었다.

스스로 공부하는 모습을 본 형식이 어머니는 그저 신기해하셨다. "누나는 자기 혼자 뭐든 잘했는데, 얘는 혼자 하려 하지 않아서 걱정했거든요. 잡고 앉아서 시켜도 하는 둥 마는 둥. 맨날 게임만 하고. 오죽하면 제가 끌고 왔겠어요. 집에서 혼자 책 읽고 공부하는 것이 너무 신기해요."

꿈을 이루기 위해서는 꿈을 위한 프레젠테이션을 해야 한다. 지금까지 나는 꿈을 향해 어떻게 달려왔으며, 앞으로 내가 나아가야 할 방향을 어디이며, 그 길을 가기 위해 어떤 노력을 할 지 그 계획을 친구들과 함께 나누며 서로 격려해야 한다. 하고 싶은 것이 없고 게임밖에 모르던 형식이가 자신의 꿈을 분명하게 꾸기 시작하면서 형식이의 프레젠테이션은 친구들의 부러움이 되었다. 꿈을 앞둔 자녀가 "뭘 해야 할지 모르겠어요."라고 하는 것은 "저는 지금 제가 생각할 수 있도록 돕는 멘토가 필요해요." 라는 말과 같다. 부모는 스승이자 멘토가 되어야 한다. 자녀가 꿈을 찾아 날개를 펼칠 수 있도록 자녀의 잠재적인 능력을 함께 찾아가야 한다. 원석인 자녀를 빛나는 보석으로 깎고, 다듬어 주어야 한다. 꿈을 찾은 자녀는 그 어떤 보석보다 빛난다.

3장

배움과 소통의 창고,
가족

부부 대화도 하브루타 스피치로

#당신의 부부관계는 안녕하십니까?

배우자와 친밀한 대화를 나누었던 때를 떠올려보자. 오늘 아침, 혹은 전날 가족 식사 시간인가? 아니면 언제인지 곰곰이 생각해야 하는가? 어떤 이는 가족은 서로 대화하는 것이 아니라고 농담 삼아 이야기한다. "애는?", "밥 먹자.", "리모컨 어딨지?" 세 마디로 모든 대화가 가능하다고 말하기도 한다.

자녀의 귀는 항상 열려 있다. 친밀한 대화를 나누는 부모를 보고 자란 자녀는 따듯한 말을 한다. 반대로 대화가 단절된 가정에서 자란 자녀는 대화를 어려워한다. 가정은 대화로 상호작용하는 방법을 배우는 곳이다. 자녀가 태어나서 처음으로 관찰하게 되는 소통 대상은 부모다. 부모의 관계지수에 따라 자녀의 행복지수가 달라진다.

어릴 적 부모님이 싸우는 것을 본 적이 있다. 부모님의 날카롭고 큰 목소리가 무서워 방으로 들어갔다. '이러다 이혼하시는 것은 아닐까?' 생각하며 두려움에 마음을 졸였다. 밖에서 들려오는 큰소리에 떨면서 싸움이 빨리 끝나기를 빌고 또 빌었다.

부부싸움을 자주 하는 부모는 자녀에게 좋은 말이 나가기 어렵다. 상한 감정을 자녀에게 전가하게 된다. 아이는 무서움과 두려움, '엄마, 아빠가 나 때문에 싸우나 보다.'라는 죄책감에 스트레스를 받는다. 결국 불안감이 고조되어 폭력적이고 자존감이 낮아진다.

부부간의 다툼이 전혀 없을 수는 없다. '내 남편이니까', '내 아내니까', '몇 년을 같이 살았는데 내 마음 정도는 알겠지.' 생각하는 순간, 관계는 소원해지고 배우자에게 서운해진다. 네 마음은 네 마음이고 내 마음은 내 마음이다. '네' 마음도 '내' 마음도 정확하게 표현해야 안다. 상대방에게 이야기해야 서로 이해하고 배려할 수 있다

나는 남편과 5년 연애하고 결혼을 했다. 짧지 않은 기간 연애하고 결혼했기에 다툼이 거의 없었다. 하지만 아이가 태어나고 남편에게 불만이 많아지면서 달라졌다. '애가 똥을 싸면 자기가 치우면 되지 왜 굳이 나를 부르지?', '나는 2시간마다 수유하느라 잠도 못 자는데 집안일은 자기가 알아서 좀 하지. 꼭 시켜야 하나?' 등 남편에게 이런저런 불만이 생기니 짜증이 늘었다. 남편도 말로 표현하지 않았지만 이런 내게 서운한 듯했다. 우리 부부는 점점 대화가 없어졌다.

"여보, 난 요즘 우리 집이 낯설고 힘들어. 당신은 어때?"

"나도 이 상황이 낯설고 어렵지."

"그래서 그런지 요즘에 우리가 좀 달라진 것 같지 않아?"

"하긴 요즘 나도 너도 짜증이 늘긴 했어."

"여보는 어떤 부분이 더 낯설어?"

"나는 아기를 어떻게 다뤄야 할지 모르겠어. 원래 아기를 잘 보는 성향이 아니라 더 그런 것 같은데. 아기가 너무 어려워."

"하긴 나도 벼리를 10개월을 품고 낳았는 데도 이렇게 낯선데, 당신은 갑자기 애가 뚝 떨어진 느낌이겠다. 여보, 나는 수유하느라 잠도 못 자고 낮에는 집안일도 하잖아. 육아도 집안일도 초보라서 어렵거든. 당신이 도와주면 좋겠어."

"그래, 그럼. 아기는 내가 만지면 부러질 것 같아 너무 무서워. 무슨 일을 하면 되는지 알려줄래? 젖병 소독하는 법도 알려줘. 내가 할게."

남편은 지금도 집안일을 스스로 한다. 만약 내가 사사건건 남편에게 잔소리했다면 어떻게 되었을까? 말하지 않아도 알아서 해주길 바라는 것은 도둑 심보다. 내가 필요한 것을 말하지 않으면 상대방은 모른다. 내가 필요한 것을 상대방의 입장을 배려하며 말해야 한다. 어느새 상대방은 내 마음을 헤아려 내가 원하는 것에 가까운 마음과 행동을 보여준다.

#부부가 행복해야 자녀가 행복하다

수유하는 동안 아기는 엄마의 심장 소리를 온몸으로 느낀다. 엄마가 행복한지 아니면 불편한지 엄마의 기분과 마음을 아기는 안다. 그렇기에 엄마는 수유하기 전에 마인드 컨트롤을 해서 아기가 평안해지도록 해야 한다.

부모가 행복하면 자녀도 그 행복을 온전히 느낀다. 부부의 행복은 만들어 가는 것이다. 행복을 위해 첫째, 서로 존중해야 한다. 간혹 배우자에게 여왕 혹은 왕으로 대접받길 원하는 이들이 있다. 여왕 혹은 왕이 되고 싶다면 배우자를 먼저 그에 걸맞게 대접해야 한다. 나만 그 왕의 지위와 특권을 누리고 배우자를 집사와 시녀로 대우한다면 곤란하다.

남편과 연애할 때 남편은 항상 나를 먼저 챙겼다. 친구를 만나거나 모임을 하고 헤어질 때면 남편은 나를 데려다주고 자기 집으로 갔다. 야근하는 날은 중간에 잠시 나와 나를 데려다주고 회사로 돌아갔다. 연애하는 5년 동안 해외 출장을 빼곤 한 번도 거른 적이 없었다. 남편이 나를 소중하게 대하니 주변 사람들이 나를 이전과 다르게 대했다. “너 혼자 택시 태워 보내면 성준이한테 혼난다.” 모든 일에 나의 의견을 존중하고 나를 우선시 해주는 남편을 통해 ‘나는 사랑받고 있구나.’라고 느꼈다. 배우자에게 배려와 사랑을 받고 있다고 느끼면 어려움이 닥쳐도 덜 힘들다. 든든한 아군이 생겼기 때문이다. 눈치 보지 않고 자신을 무조건 사랑해 주는 아군은 세상을 살아갈 힘을 준다. 부부간의 사랑과 배려는 자녀에게 전달된다. 자녀에게 온전한 사랑을 표현할 수 있게 된다.

둘째, 배우자를 귀엽게 대해야 한다. '귀엽다'라는 단어는 보통 어린이에게 사용한다. 배우자를 귀엽게 대하는 태도는 무엇일까? TV 예능프로그램에서 국민 잉꼬부부인 최수종, 하희라 씨가 나왔다. 결혼할 당시 세 곳에서 궁합을 봤는데 모두 1년 안에 이혼할 거라고 했단다. 하지만 28년이 지난 지금도 그들은 잉꼬부부다. "하희라 씨를 딸처럼 생각하면 쉬워요. 딸이 소파에 옷을 벗어 놓으면 그러려니 하고 내가 치우는데 보통 배우자한테는 그렇게 하지 않잖아요. 배우자가 소파에 옷을 벗어 놓아도 딸한테 하는 것처럼 그러려니 하고 치우면 되는 거예요."

배우자의 실수를 귀여움으로 본다면 싸울 일이 준다. "도대체 왜 그래? 한두 번도 아니고!"가 아닌 "오늘 귀엽네."로 본다면 사소한 다툼을 줄일 수 있다.

작은 문제라도 웃으며 해결하고 행복할 줄 아는 부부를 보고 자란 아이의 뇌는 다르다. 불안함과 스트레스는 뇌를 경직시킨다. 웃고 즐겁게 하루하루를 보내는 아이들의 뇌는 유연해져서 많은 생각과 정보를 받아들인다. 즐겁고 행복한 가정에서 자란 아이는 밝고 긍정적이며 자존감이 높다. 회복탄력성이 좋아서 실패에 굴하지 않고 툴툴 털고 일어선다. 이는 행복한 부부관계에서 나오는 안정된 즐거움이 자녀에게 주는 힘이다. '나는 아이를 위해 남편과 싸워요.' 하는 것은 잘못된 방법이다. '나는 아이를 위해 배우자를 더 사랑해요.'로 바꿔야 한다.

아이와의 교감,
성장하는 부모

#교감의 주춧돌, 애착

수많은 육아 관련 서적과 강의에서 '애착'을 설명한다. 애착이란 자녀가 부모에게 느끼는 정서적인 유대감이다. 애착 형성은 자녀가 성장하는데 필요한 중요 요소이다. 애착이 제대로 형성되지 못하면 시기별 발달 과정이 더디거나 타인과의 상호작용이 힘들어진다. 무엇보다 뇌 성장이 느리다.

자녀와 건강한 애착을 형성하기 위해서는 자녀가 보내는 신호에 즉각 반응해야 한다. 영유아기에는 울음으로 신호를 보낸다. 배가 고플 때, 기저귀가 축축할 때, 잠이 오거나 혹은 낯선 사람이 가까이 올 때 아이는 울음으로 신호를 보낸다. 아이의 신호에 엄마가 반응하지 않는다면 아이는 불안해한다. '나를 도와줄 사람은 없구나.', '나는 혼자구나.' 생각하며 두려워한다. 기댈 곳이 없는 아이는 세상이 안전하지 않다고 생각한다. 그래서 안정감을 누리기 위해 작은 문제에도 더 크게 울거나 떼를 쓴다.

부모는 아이를 위험으로부터 보호할 의무가 있다. 높은 곳에 올라가지 못하게 하거나 뜨거운 물이나 날카로운 물건을 치우는 것으로 보호가 끝난 것이 아니다. 부족한 영양, 부족한 잠, 쾌적하지 못한 환경 모두가 아이에게는 위협이 된다. 또한 영유아기에는 낯선 사람을 직감적으로 감지한다. 익숙한 체취, 따스한 감정을 몸으로 경험한 아이는 낯선 이가 가까이 올 때 위험하다고 느낀다. 울음으로 부모에게 신호를 보낼 때 즉각 보호를 받는다면 세상은 안전하다고 생각한다. 자기가 보호받고 있다고 느낀다. 안전감을 누린 아이는 도전하는데 두려움이 적다. 어려움에 부닥쳐도 도와줄 이가 가까이 있음을 알고 계속 탐구하며 낯선 것에 도전한다. 지적 호기심을 마음껏 표출하며 낯선 환경을 탐색하는 것이다.

부모는 자녀에게 무한한 사랑을 표현해야 한다. '아이의 주식은 사랑이다.'라는 말이 있을 정도다. 1950년 하와이군도 서북쪽의 작은 섬, 카우아이에는 주민 대다수가 범죄자, 알코올 중독자 혹은 정신질환자였다. 캘리포니아대학교 명예교수인 심리학자 에미 워너 박사는 카우아이에 태어난 833명의 신생아를 대상으로 40여 년간 종단 연구를 했다. 연구팀은 이들이 엄마 배 속에 있을 때부터 서른 살 이상 성인이 될 때까지 인생 전반을 추적했다. 특히 201명의 고위험군 어린이를 중점으로 연구하며 무엇이 그들을 사회 부적응자로 만드는지 살펴보았다. 하지만 201명의 아이 중 무려 72명의 아이는 자신감 있고, 성적도 좋으며, 교우관계도 좋았다. 연구 결과 72명의 어린이에게는 무조건적인 사랑과 존중을 베풀어준 어른이 적어도 한 명은 있었다. 이 아이들을 철저하게 믿어주고 사랑해준 어른이 부모가 아니더라도 한 명은 있었기에 역경을 딛고 성장할 수 있었다. 사랑은 불가능해 보이는 환경도 극복하게 만드는 동력이다.

부모는 애착을 위해 무한한 사랑을 표현해야 한다. 필요를 채워주는 차원에서 확장되어야 한다. 젖을 먹이고 기저귀를 갈아주며 쾌적하게 자라도록 돕는 것이 사랑의 전부가 아니다. 아이와 피부를 맞대고 따스한 목소리로 사랑을 표현해야 한다. 사랑을 먹고 자란 아이는 부모에 대한 좋은 감정을 타인에게 투영한다. 부모가 좋은 사람이기에 타인도 좋은 사람일 것이라고 생각하는 것이다. 호의를 가지고 타인을 대하기에 조화로운 관계를 형성한다. 부모의 사랑은 자녀를 자존감이 높은 성인으로 성장케 한다. 자존감이 높은 성인은 타인을 존중할 줄 알며 동시에 본인의 감정도 조절하는 능력이 있다.

하브루타 스피치 역시 안정된 애착을 기반으로 한다. 부모와 자녀가 사랑을 기반으로 서로를 존중하는 대화와 토론을 한다면, 자녀는 건강하게 자랄 것이다.

#부모의 기다림이 자녀의 경험치를 올려준다

'참을 인(忍) 세 번이면 살인을 면한다.'라는 말이 있다. 한 마을에 가난하게 살다가 부자가 된 사람이 있었다. 부자가 되자 글을 배우고 싶어 훈장을 찾아갔다. 일생을 농사만 짓다 공부하려니 나이도 있어 글을 익혀도 자꾸 까먹었다. 그러자 훈장은 인지위덕(忍之爲德), 즉 '참는 것이 큰 덕이다.'라는 글자와 뜻만 알려주었다. 어느 날 부자가 밤늦게 집에 돌아오니 웬 남자가 등을 돌린 채 아내와 함께 있었다. 부자는 화가 나 남자를 해치고 싶었지만 인지위덕을 생각하며 꾹 참았다. 그런데 아내가 낯선 남자와 다정하게 웃으며 즐거워하는 모습을 보자, 다시 나쁜 생각이 들었다. 부자는 다시 인지위덕을 떠올리며 꾹 참았다. 그 순간 남자가 뒤를 돌아보았다. 자칫 살인을 저지를 뻔했던 남자는 처남이었다.

'참을 인(忍)'은 '칼(刀)' 아래 '마음(心)'이 놓인 형태이다. 마음 위에 시퍼렇게 날 선 칼날이 놓여있는 것이다. 내 가슴에 칼이 놓여있다면 칼날이 무뎌질 때까지 기다리자. 화가 나도 불안해도 답답해도 칼날이 무뎌지기를 기다리자. 화가 나고 불안하고 답답한 감정에 마음의 칼을 휘두르는 순간 나와 주변 사람이 다치게 된다. 자녀를 가르치는 데도 부모는 마음 위에 칼날을 올려 둔 것처럼 참고 기다려야 한다.

EBS에서 '유대인의 가정교육'을 방영했다. 세 살 여아가 낱

말 퍼즐을 맞추는데 제대로 못하자 오빠가 답답한 마음에 도와주려 했다. 그러자 엄마는 아들을 제지하며 "도움 받아 맞추는 것보다 혼자 해내는 경험이 더 중요하단다."라고 이야기했다. 엄마는 퍼즐을 잘 맞추라고 아이를 다그치지 않았다. 그저 아이가 스스로 해내기를 기다렸다. 결국 그 아이는 우여곡절 끝에 22개의 낱말퍼즐을 자신의 힘으로 모두 맞추었다. 엄마는 환호하며 아낌없이 칭찬해주었다.

부모의 인내심은 자녀가 더 많은 경험을 할 수 있도록 돕는다. 경험은 두뇌를 발달시킨다. 아이는 손과 발을 움직이면서 주변 환경을 관찰하고 탐색한다. 물고 빨고 눌러보고 던지면서 사물을 경험한다. 스스로 경험하는 것이 많아야 한다. 스스로 하는 독립적인 활동은 자신을 신뢰하는 기반이 된다. 자기 힘으로 무언가를 이루었을 때, 부모의 따뜻한 격려와 칭찬은 피드백이 되어 자녀를 긍정적인 방향으로 이끈다. 자기주도적인 학습을 하게 된다.

아이는 잠재력을 가지고 태어난다. 그 잠재력을 일으켜 주는 것이 부모다. 그렇다고 부모가 자녀의 잠재력을 끌고 가서는 안 된다. 부모가 자녀의 잠재력을 끌어올리는 데에는 한계가 있다. 아이 스스로 자신의 잠재력을 발견하고 키워가야 한다. 스스로 잠재력을 발견해 키워나갈 때 아이는 성장한다. 잠재력을 키우기 위해 부모는 참고 기다려야 한다. 자녀가 시행착오를 겪으며 성장하도록 마음 위에 칼날을 놓아둔 것처럼 기다려야 한다. 간섭하고 싶은 마음, 잔소리하고 싶은 마음을 내려놓아야 한다. 다만 따뜻한 격려와 충분한 칭찬으로 안전한 울타리가 되어주면 된다. 항상 너를 응원하고 지지한다는 것을 느끼도록 해주자.

#부모의 잘못, 먼저 사과하기

부모도 자녀에게 사과할 일이 있다. 자녀가 잘못했을 때 필요 이상으로 화를 내고 자기감정에 휘말려 아이를 감정적으로 대하기도 한다. 폭풍 같은 감정이 가라앉고 이성이 찾아오면, 아이에게 미안한 마음이 든다.

여섯 살, 일곱 살 두 아들을 둔 지인이 있다. 하루는 설거지하는데 등 뒤에서 둘째 아이가 우는 소리가 들렸다. 부리나케 달려갔더니 큰 아이가 동생 팔을 잡고 있고, 둘째는 미끄럼틀 계단에 콕 박혀 울고 있었다. "너 엄마가 동생 괴롭히지 말라고 했지. 어떻게 매번 동생을 괴롭히니?" 지인은 큰 아이에게 버럭 화를 내며 동생을 잡고 있던 팔을 매섭게 낚아챘다. "내가 안 그랬단 말이야. 엄마는 아무것도 모르면서 나만 미워해." 큰 아이는 "엄마는 아무것도 모른다."라며 엉엉 울면서 자기 방으로 들어갔다. 엄마는 큰 아이 뒤통수에 "뭘 잘했다고 울어 울긴."라고 소리쳤다. 그러는 사이 둘째가 진정이 되었다. "엄마 내가 미끄럼틀 올라가다가 미끄러졌어. 형이 나 도와줬어." 순간 엄마는

'큰 애 어쩌지?'하는 생각만 머릿속에 가득했다.

자녀를 키우면 이와 비슷한 일을 많이 겪는다. 부모는 눈에 보이는 모습만 보고 자녀에게 상황을 묻지 않고 불호령부터 내린다. 오해로 큰소리를 친 것이다. 선입견이 작용해 자녀를 판단하고 감정을 조절하지 못해 큰소리를 낸 건 잘못한 일이다. '내가 오해하고 감정을 조절 못 했지만 그래도 부모인데 어떻게 아이에게 사과해.'라고 생각하는 부모도 있다. 그러나 사과해야 한다. 미안하다고 말해야 한다. 부모의 사과 한 마디에 아이는 노여웠던 마음을 푼다. 사과 한 마디에 타인을 용서하고 이해하는 것을 배운다.

어른이 어린 사람에게 잘못을 인정하고 용서를 구하기는 쉽지 않다. 유교 문화권이라 더욱 그렇다. 하지만 실수를 인정하는 것이 교육이다. 진심으로 사과하는 법을 배워야 한다. 부모가 진심으로 사과한다면 아이는 사과하는 법을 알게 된다. 주어와 목적어 없이 "미안해."라고 말하는 것은 올바른 사과가 아니다.

"엄마가 네 얘기도 안 듣고 화내서 미안해. 그러게 평소에 좀 잘했으면 이런 일이 없잖니?" 이 역시 잘못된 사과다. 엄마가 한 실수의 원인을 자녀에게 돌리는 것이다. 엄마의 잘못을 덮기 위한 변명일 뿐이다. "엄마가 네 이야기를 듣는 것이 먼저였는데 그러지 못해서 미안해. 너에게 화내서 엄마가 잘못했어. 아무리 화가 나도 대화로 풀었어야 했어. 많이 서운했지?" 자신이 잘못한 것을 구체적으로 말해야 제대로 된 사과다.

그리고 다음에 이와 비슷한 일이 생이면 어떻게 할지 함께 의논하라. 부모의 사과를 통해 자녀는 화가 나도 감정을 조절해 대화로 문제를 풀어나가야 한다는 것을 알게 된다. 진심 어린 사과와 대안까지 마쳤다면 자녀의 감정을 보듬어 준다. 그러면 자녀는 부모에 대한 부정적인 감정을 잊는다. 또한 잘못을 시인하고 사과하는 법, 앞으로 문제를 풀어가는 법을 배우게 된다. 부모의 사과는 자녀가 부모에게 예속된 존재가 아니라 주체적인 존재라는 것을 알려주면서 정서적 유대감을 공고하게 해준다.

'카더라통신'을 멀리 하라

'카더라통신'이라는 말이 있다. 이는 입에서 입으로 소문이 전해져서 진위를 알 도리가 없는 내용, 혹은 사실 여부를 확인하지 않고 기사를 내고 보는 언론의 작태를 꼬집는 표현이다. 종종 엄마들 사이에서도 카더라소식이 퍼진다.

자녀 교육에 관한 정보는 대부분 아이 친구의 엄마에게서 듣는다. 전교 1등을 한 아이가 다니는 학원이 하이브리드 수학을 한다는 이야기, 메타인지를 이용한 영어 수업을 하는 학원 이야기 등 최신 학원 정보를 접한다. 내 자녀만 뒤처지는 것은 아닌지 염려하다가 학원을 보내야겠다는 결심이 선다. 결국 학원가기 싫다는 아이의 손을 잡아 이끌고 등록한다.

우리 아이가 전교 1등을 한다면 그 즐거움은 우리 아이의 것일까? 나의 것일까? "전교 1등이 나 좋은 일인가, 애 좋은 일이지."라고 말하는 것은 전적으로 엄마 생각이다. 물론 전교 1등을 행복해하는 아이도 있다. 전교 1등을 행복해하는 친구는 하이브

리드 수학 학원이나 메타인지 영어 학원을 억지로 끌려가지 않아도 스스로 공부한다. 공부가 재미있고 즐겁기 때문에 공부해서 전교 1등을 한 것이다.

대부분 공부를 행복하게 생각하지 않는다. 공부가 재미있지 않고 힘들게 된 원인을 부모가 제공했다. 어릴 적 공부하려고 책을 폈는데 엄마의 소리가 들려왔다. “이제 공부해야지.” 그 말을 듣는 순간 그냥 공부하기가 싫어졌다. 누구나 이와 비슷한 경험이 있을 것이다. 청소하려는 참이었는데 엄마가 “청소해라.”라고 하면 갑자기 청소하기가 싫어진다. 주도권을 엄마에게 빼앗겼기 때문이다. 내가 하려는 행동에 나의 의지와 나의 자율성이 침해당했기에 하기 싫어진다.

부모도 할 말이 많을 것이다. “다 아이들 잘되라고 하는 거죠.”, “스스로 하지 않으니까 잔소리가 나와요. 잘 하면 저도 잔소리 안 하죠.”

자녀가 원하는 것이 무엇인지 물어봐야 한다. 한 학부모님께 자녀가 정말 원하는 것이 무엇인지 아냐고 물어보았다. “우리 아들은 그저 게임이 하고 싶겠지.”라고 하셨다. 그리고 정말 자녀가 원하는 것이 무엇인지 직접 물어보라고 권했다. 다음 수업에 학생이 와서 말을 전해주었다. “선생님 저는 프로게이머가 되고 싶은데. 엄마가 쓸데없는 소리 하지 말래요.” 자녀가 원하는 것이 무엇인지 묻는 훈련은 했는데 원하는 대답이 아니라서 부모는 잔소리만 한 것이다. 아이는 자신이 행복한 길을 찾겠다 하는데 엄마는 쓸데없는 소리라고 하니 대화가 되지 않는다. 자신의 주도권을 빼앗기는 상황이 반복되다 보니 자녀는 부모에게 말하지 않고 정작 부모가 원하는 학업도 멀리한다.

스피치 수업을 듣는 중학교 3학년 학생이 있었다. 그 학생은 미래에 대한 확고한 계획이 있었다. 이를 위해 아침 일찍 일어나 검도로 하루를 시작했다. 항상 책을 가까이하고 분 단위로 세운 빡빡한 계획을 잘 소화했다. 그것도 즐겁게 해냈다. 즐거움이 가능했던 이유는 그 일정을 스스로 짰기 때문이다. 스마트폰도 없앴다. 그러나 BTS 콘서트는 빼지 않았다. 특목고에 진학하기 위해 스스로 정보를 찾고 준비했다. 그리고 원하던 특목고에 합격했다.

"너도 재처럼 스스로 하면 얼마나 좋니?"

많은 부모가 자신의 자녀에게 똑같이 이야기했다.

"어머니께서 저 친구의 어머니처럼 아이 스스로 할 수 있게 기다려 주시면 우리 아이는 얼마나 행복할까요?"

인간은 새로운 것을 알아가는 데 즐거움을 느낀다. 문제를 스스로 해결한다면 그 즐거움은 배가 된다. 누군가 시켜서 하면 이는 나의 것이 아니다. 결국 즐거움은 없어진다. 자율성을 존중받을 때 재미를 알게 된다.

공부도 마찬가지다. 아이 친구 엄마의 카더라 정보는 내 자녀를 힘들게 할 뿐이다. 부모가 직접 자녀에게 물어보자. “하고 싶은 게 뭐야?”, “그걸 하기 위해선 네가 어떤 준비를 해야 할까?”, “엄마가 뭘 도와주면 되겠니?” 앞으로 살아가야 하는 길을 자녀 스스로 고민해야 성장한다. 밖에서 답을 찾을 것이 아니라 부모와 자녀가 소통하여 찾아야 한다.

틀은 깨라고 있는 것

유치원생과 초등 저학년 학생들을 위한 수업에는 놀이가 활용된다. 두 반 모두 초성퀴즈를 통해 단어수업을 진행했다. 똑같이 'ㄱ', 'ㅇ'을 제시하고 얼마나 많은 단어를 찾는지 살펴보았다. 유치원생은 15개를, 초등 저학년 반은 10개를 찾았다. 초등 저학년 학생들이 더 많은 단어를 찾을 것으로 생각하였는데 의외였다. 다음번에도 같은 결과가 나왔다. 반복되는 상황이 재미있기도 하고 이유가 궁금해 초등 고학년 학생들에게도 같은 문제를 주었다. 같은 초성을 제시하였지만, 단어를 찾는 숫자는 학년과 반비례했다. 초등 고학년부 학생들은 5~6개의 단어를 찾았다. 단어를 많이 아는 것이 초성퀴즈에서 유리할 것으로 생각했지만 결과는 달랐다. 아마도 이미 생각의 틀이 생겨 사고가 유연하지 못해 생긴 일이 아닌가 싶다.

유치원생인 일곱 살 아이는 귀엽다. 초등학생이 된 여덟 살 아이는 의젓하다. 고작 한 살 차이지만 그 차이는 크다. 학교라는 큰 변화를 겪기 때문이다. 유치원 수업과는 전혀 다른 수업이 진행된다. 선생님은 보육보다는 교육에 방점을 많이 둔다. 공부라는 큰 짐도 쌓인다. 책가방의 무게를 온몸으로 느낀다. 학교 규칙 속에서 무엇인가를 해야 하는 틀 속에 있게 된다. 틀 속에 갇힌 아이들은 자기 생각의 회로를 그 틀에 맞춘다. 두뇌가 점점 유연성을 잃어가는 것이다.

고인 물은 썩는다. 틀 속에 갇힌 아이의 뇌는 고인 물과 같다. 생각의 회로가 틀 속에 갇혀 있으면 '생각하기 싫어하는 뇌'가 된다. "아 귀찮아. 엄마가 다 해줘." 사소한 것도 하지 않으려 한다.

초등부 아이들이 하브루타 수업에서 가장 힘들어하는 것은 낯선 환경과 친구와의 적응이 아니다. 브레인스토밍을 접목한 수업을 힘들어한다. 브레인스토밍은 생각의 양이 중요하다. 엉뚱한 생각이어도 최대한 많이 생각하고 말해야 한다. '컵을 쓰지 않고 물 마시는 법'이란 질문을 제시했다. 처음 수업에 참여한 어린이들은 '양손에 받아 마신다.', '입을 대고 마신다.' 하는 내용으로 3~4개의 대답을 한다. 몇 개월 수업을 하고 나면 '옷에 적셔 마신다.', '신발에 받아 마신다.', '온몸으로 마신다.' 등 생각이 확장된다. 아이들은 친구의 창의적인 생각을 들으며 함께 배운다. 틀을 깨트리니 창의력과 상상력이 날개를 단다.

자녀가 틀을 깨기 위해서는 부모가 먼저 생각의 틀을 깨야 한다. 그림을 그리기 위해서는 물감, 색연필, 사인펜 같은 미술 용품이 없어도 된다. 과일즙, 커피로도 그릴 수 있고 엄마의 화장품으로도 그릴 수 있다. 미술 도구와는 또 다른 느낌의 질감과 색감을 표현하는 좋은 재료가 된다. 물론 과일즙으로 그림을 그리면 집은 엉망이 될 수 있다. 립스틱으로 그림을 그리면 화장품을 못쓰게 될 수도 있다. 하지만 반대로 지저분해진 방은 아이와 '함께' 정리할 수 있고, 오래되어서 쓰지 못하는 화장품은 재활용된다. 이 과정을 통해 아이는 또 다른 그림 도구를 찾아낸다. 그러면서 아이의 뇌는 말랑말랑하게 된다.

물은 세모난 컵에 있으며 세모가 되고 동그란 컵에 있으면 동그라미가 된다. 계곡물은 자유롭게 흘러간다. 바위가 앞에 있다고 해서 멈추지 않는다. 바위를 피해 돌아서 흘러간다. 다른 물줄기와 합해져 더 큰 물줄기가 되어 넓고 깊은 바다로 흘러나아간다. 자녀가 깊은 넓은 바다로 흘러가도록 틀을 깨트리자.

알려주기보다
알아가기

온갖 정성과 시간을 들여 키운 자녀가 사춘기가 되면 부모와 잘 대화하지 않으려 한다. 살갑던 아이는 어느새 멀어져 간다. 내 품을 떠나는 것 같아 서운하다. 부모는 자녀를 위해 살았다고 생각하는데, 자녀들은 오히려 그 사랑을 갑갑해 한다. 자녀들은 자기를 이해하지 못하는 부모에게 괴리감이 느끼고 벽을 만든다. 그 벽을 허물기 위해서는 소통이 필요하다. 소통은 상대방을 이해하고 알아주는 것으로 시작된다.

사람은 누구나 자기를 알아주는 사람을 좋아한다. 나의 마음을 알아주는 사람에게 마음을 연다. 자녀 또한 마찬가지이다. 사춘기 자녀가 왜 부모보다 친구를 찾을까? 친구는 생각이 비슷하고 마음을 이해한다. 그래서 편안하다. 부모는 자녀에게 친구 같아야 한다. 하지만 자녀의 마음을 알아주고 이해하기가 쉽지 않다. 부모 입장에서 자녀의 모습이 마음에 들지 않을 때가 많다. 스마트폰을 멀리하고 좀 덜 놀고, 공부를 좀더 했으면 한다.

내가 학교에 다닐 때, 어른들은 학창시절은 낙엽이 굴러만 가도 웃음이 나는 시기라고 했다. 하지만 요즘 아이들은 학교와 학원 수업에 치여서 낙엽 굴러가는 것을 보지 못한다. 혹 낙엽 굴러가는 것을 보았어도 웃어야 할지 울어야 할지 몰라서 부모에게 물어본다. 부모 선택대로 움직이는 아이들은 감정조차 자기 뜻대로 결정하지 못한다. 이런 자녀가 과연 부모에게 마음을 열까?

내가 낙엽 굴러가는 것만 봐도 웃음이 났던 사춘기 시절이 있었다면 우리 자녀도 그래야 한다. "엄마는 그때 이런 재미가 있었는데, 요즘 너희는 뭐가 재미있니?" 함께 나눌 수 있는 이야기로 교감의 손길을 내미는 것이다. 그러면 '우리 엄마도 나와 같은 시기를 거쳤구나. 엄마도 나와 같은 마음이었던 적이 있었겠다.' 하며 자기 이야기를 하게 된다.

이렇게 자녀와 대화의 물꼬를 텄다면, 이제 자녀가 무엇을 원하는지 알아가야 한다. 내 배에서 나온 아이지만, 자녀는 또 다른 인격체다. 그렇기에 자녀가 원하는 것이 무엇인지, 그것을 왜 원하는지, 원하는 것을 얻으려면 어떻게 해야 하는지 등을 알아야 한다. 자녀에게 질문하며 소통하기 때문에 하브루타 스피치를 이용하면 도움이 된다.

부모가 답을 정해 놓거나 "그건 아니야. 네가 아직 어려서 뭘 몰라서 그래."하며 가르쳐서는 안 된다. 아이는 당연히 서툴고 미숙하며 지식도 부족하다. 그러니 부모는 자녀 곁에서 질문하면서 자녀가 자신의 정체성을 확립할 수 있도록 도와야 한다. 그러면 자녀는 부모를 버팀목 삼아, 자신의 길을 스스로 찾아가게 된다.

#불안함의 반영, 잔소리

"아이를 신뢰하십니까?"

"예. 저는 제 아이를 믿습니다."

"그렇다면 아이에게 잔소리 안 하시겠네요?"

"아, 아니요. 잔소리합니다."

자녀를 신뢰하지만 잔소리를 안 할 수 없다고 부모는 이야기한다. 잔소리는 자녀를 믿지 못함에서 오는 불안함이다. 자녀가 일을 제대로 못 할 거라는 생각에 잔소리한다. 이런 부모의 불안함은 자녀에게 고스란히 전달되어 부정적인 영향을 끼친다. 부모가 자녀를 믿지 못해 잔소리한다면, 자녀는 작은 것 하나도 스스로 할 수 없게 된다. 결국 자존감 낮은 자녀가 된다.

특히 십대에게 잔소리를 하면 참을성과 인내심을 기르는 것을 방해한다. 자녀가 받아들일 수 없는 잔소리는 스트레스가 된다. 잔소리를 들으면 '노르에피네프린'이라는 물질이 분비된다. 이 물질은 전두엽과 인지 기능에 심각한 영향을 준다. 시험을 앞두고 있거나 시험을 망친 자녀에게 지나친 비난이나 꾸중을 하는 것은 아무 소용이 없다. 전두엽 활성의 비례에 따라 참을

성과 인내심이 길러지는데 잔소리는 이것을 방해하는 것이다.

자존감이란 자신을 존중하고 아끼며 사랑하는 마음이다. 자존감이 낮은 아이는 세상이 두렵다. 자신에 대한 확신이 없으니 자신감 있게 문제를 부딪칠 수 없다. 실패하면 부모님을 실망시킬 거라고 생각한다. 이것이 반복되면, 문제를 회피하게 된다. 악순환으로 자존감은 점점 낮아진다. 부모는 자녀에 대한 불안한 마음을 접고 잔소리를 멈춰야 한다. 자녀를 믿는 마음을 말로, 눈으로, 몸으로 표현해야 한다.

상대성 이론을 발표한 천재 물리학자이자 노벨 물리학상을 받은 아인슈타인은 어린 시절 저능아라고 불리었다. 그는 네 살이 되기까지 말을 제대로 하지 못했다. 초등학교에 들어갈 나이에도 친구들과 어울리지 못했고 단순 학습에도 뒤처졌다. 초등학교에 입학한 이후에는 다른 아이들의 수업에 방해된다는 이유로 학교로부터 등교를 거부당했다. 선생님은 아인슈타인의 학생 기록부에 '이 아이는 어떤 일에서도 성공할 수 없음.'이라고 작성하였다. 하지만 아인슈타인에게는 조건 없이 무한한 지지를 보내는 어머니가 있었다. "너는 다른 아이들에게는 없는 훌륭한 장점이 있단다. 너만이 감당할 수 있는 일이 너를 기다리고 있지. 그 길을 찾아가야 해. 너는 틀림없이 훌륭한 사람이 될 거야." 아인슈타인의 어머니는 늘 아들을 격려하며 지지했다. 그런 어머니 덕분에 아인슈타인은 반유대주의 성향의 기득

권을 가진 과학자들의 공격에도 굴하지 않고 세계적인 천재 물리학자가 되었고 지금까지도 존경받고 있다.

모두가 무시했지만 단 한 사람, 어머니의 신뢰로 아인슈타인의 인생은 달라졌다. 만약 아인슈타인의 어머니가 "넌 애가 왜 그러니?", "넌 누굴 닮아서 이 모양이니?"라며 남들과 비교하고 자존감을 꺾었다면 천재 물리학자는 탄생하지 못했을 것이다.

만물은 존재 이유가 있다. 목적과 이유 없이 탄생하거나 발생한 것은 어느 것도 없다. 우리 자녀도 이 세상에 존재하는 특별한 이유가 있다. 내 자녀가 태어났던 때를 떠올려보자. 그 존재 자체만으로 감사하고 감격했다. 잘 먹고, 잘 자고, 잘 싸는 것만으로도 감사했다. 나를 향해 웃어주는 아이를 보며 세상을 다 가진 듯 행복했다. 하지만 존재 자체로 감사했던 것이 점차 잊혔다. 낮은 성적, 기대를 벗어난 행동이 자녀의 존재가치를 위협할 정도로 큰 문제인지 생각해보자.

자녀는 부모를 통해 세상의 빛을 본다. 하지만 부모와 다른 우주를 살아간다. 자신의 우주 속에서 자신이 가장 빛날 수 있도록 해주는 것이 부모가 할 일이다. 불안한 마음을 내려놓고 자녀를 믿어주자. 따듯한 말을 건네며 자녀 뒤에서 든든하게 지켜주는 지지자가 되자. 따뜻한 눈빛과 따뜻한 두 팔로 자녀를 안아주자. 자녀를 향한 믿음이 우리 아이가 스스로 자신의 존재 이유를 찾고 진실된 삶을 살아가는 원동력이 될 것이다.

2부

명품 부모, 명품 자녀로 함께 성장하기

4장

부모가 최고의 교사다;
부모 행동 편

디지털 기기를 내려놓자

#생각과 맞바꾼 편리함

우리 집에는 짱구가 있다. “짱구야 오늘 날씨 알려줘.”라고 말하면 날씨는 물론 미세먼지 농도까지 알려준다. 친절한 짱구는 일교차가 크니 외투를 입고 외출하라고 조언도 한다. TV 일기예보도 마찬가지다. 친절한 기상캐스터는 날씨를 전하며 외투를 입고 나가야 할지, 우산을 챙길지 조언해 준다. 날씨를 알아보기 위해 여러 수고를 하지 않아도 된다. 터치 몇 번, 말 몇 마디로 많은 정보를 알 수 있는 편리한 세상이다. 그런데 이런 세상을 살다 보니 점차 생각하고 결정하며 사고하는 일에서 멀어지게 되었다.

사람의 뇌는 적응력이 좋다. 생각의 패턴, 생각의 활동성 역시 얼마나, 어떻게 생각하느냐에 따라 달라진다. 좋은 방향이든 나쁜 방향이든 뇌는 삶의 스타일에 적응한다. 인공지능과 사물인터넷이 발달하면서 우리는 생각을 덜하게 되었다. “아무것도 하기 싫다. 이미 아무것도 하고 있지 않지만, 더 격렬하게 아무것도 하고 싶지 않다." 많은 패러디를 낳은 광고 문구다. 주말에 집에서 아무것도 하지 않고 뒹굴뒹굴해 본 적이 있을 것이다. 그런 날은 손가락 하나 까딱하기 싫다. 아무것도 하지 않는 게 편안한 것이다.

문명기기를 멀리하자는 말은 아니다. 단순 생각의 수고를 하지 않아도 되니 이제 생각의 질을 높이자는 것이다. 생각도 훈련이다. 처음부터 수준 높은 생각을 할 수 없다. 먼저 생각의 양을 만들고 생각의 수준을 높여야 한다. 생각의 양이 충분해지면 생각의 질을 추구하게 된다. 생각하지 않는 부모가 어떻게 생각하는 자녀로 이끌 수 있을까? 자신부터 스마트폰을 손에서 놓지 못하면서 자녀에게 스마트폰 게임은 그만하고 책을 읽으라고 하면 자녀가 그 말을 들을까? 자녀의 생각하는 뇌를 위해서 부모가 먼저 생각하는 습관을 키워야 한다. 생각하는 뇌가 되기 위해서는 되도록 편리함과 멀어져야 한다. 인공지능, 사물인터넷, 디지털 환경과 떨어져야 한다. "우리 뇌에 가장 좋은 것은 바로 운동이다. 뇌도 근육처럼 신체 운동을 통해 발달시킬 수 있다."라고 뇌과학자인 존 레이티 하버드대학교 교수는 말했다.

실리콘밸리의 뛰어난 인재들도 자녀에게는 디지털 기기 사용을 제한한다. 아날로그 방식으로 자녀를 교육한다. 교사는 칠판과 분필을 사용하고 아이들을 종이로 된 책과 사전으로 공부한다. 나무를 깎아 인형을 만들고 찰흙으로 놀이를 한다. 다양한 체육활동과 예술활동을 한다. 실리콘밸리에서는 자녀의 디지털 기기 사용을 차단하는 데 애쓴다. 디지털 기기의 시간제한이 중독을 막을 수 없다고 보기 때문이다. 이들은 자녀가 스스로 제어할 수 있는 나이가 될 때까지 스마트폰, 태블릿, 컴퓨터 등 디지털 기기의 사용을 금지한다. 스티브 잡스도 집안에서 자녀들이 디지털 기기를 사용하지 않게 했다. 미국 〈뉴욕타임스〉는 '스티브 잡스는 구식 아버지였다'라는 기사를 낸 적이 있다. 잡스를 비롯해 기술기업 최고경영자 중에는 자신의 자녀들에게는 태블릿, 스마트폰, 컴퓨터 등 IT기기 사용을 제한하는 일이 적지 않다고 한다. 잡스의 공식 전기를 집필했던 월터 아이작슨도 "스티브 잡스는 저녁이면 식탁에 앉아 아이들과 책, 역사 등 여러 가지 화제를 놓고 대화했다."라고 말했다.

디지털 기기 사용은 혼자 하는 활동이 많다. 그러니 사회성이 떨어진다. 친구들과 놀이나 게임을 통해 대화하면서 공감하는 것을 배워야 인간관계를 배울 수 있다. 디지털 기기는 창조적인 사고를 가로막는다. 스마트폰이나 게임은 말초신경 위주의 쾌락을 제공하기 때문에 생각하는 기능을 더 약화시킨다. 디지털 기기 사용을 줄이면 역동적인 만남이 있고 사고의 시간이 늘면서 창조적인 뇌로 바뀌게 될 것이다.

생각하는 환경이 되어야 한다. 부모가 디지털 기기에 의존해 생각하지 않고 산다면 자녀도 그렇게 성장한다. 부모가 스마트폰, TV 리모컨을 내려놓고 편리함이 아닌 시간과 정성을 쏟아 자녀와 생각을 나눈다면 자녀의 뇌는 생각하는 뇌로 변한다. 생각할 줄 아는 뇌는 점차 더 큰 생각을 불러온다. 일부러 불편함을 선택하고, 생각하고 토론하는 가정이 되어보자.

당신의 꿈은 무엇입니까?

나는 13개월 차이로 아이 둘을 낳았다. 아이 둘을 키우며 종일 밥도 못 먹고 전쟁을 하다 보니 남편이 퇴근하기만을 기다렸다. 남편이 직장에서 돌아오면 낮 동안 제대로 먹지 못했던 한을 풀 듯 폭식했고 몸무게는 인생 최고치를 찍었다. 그러면서도 몸을 망가뜨리는 악순환을 끊지 못했다. 이 상황이 너무 싫고 힘들어 벗어나고 싶은 생각만 가득했다. 애가 울면 나도 울고, 애가 짜증을 내면 나도 짜증이 났다. 하루하루를 버텨내는 기분이었다. 결국 산후우울증이 왔다.

우울증의 깊은 바닥 끝에 놓이자 이런 생각이 들었다. '나 원래 이런 사람 아닌데. 난 항상 내 꿈을 바라보며 달려가는 열정 걸(girl)인데. 그 모습은 다 어디로 간 거지?' 내가 무엇을 해야 하는지 질문하게 되었다. 우선 운동을 시작했다. 건강식품도 챙겨 먹었다. 조금씩 몸에 근육이 생기고 활력이 생기니 아이들에게 내던 짜증도 줄었다.

그리고 내 꿈이 떠올랐다. 나는 강사 일을 좋아한다. 몸이 아파 으스러질 것 같아도 센터에 출근해 강단에 서면 언제 아팠냐는 듯 수업을 했다. 수업을 마치고 나면 아픈 것이 다 나은 것 같았다. 나는 나를 위해 내 꿈을 위해 내 자리로 복귀하겠다고 마음먹었다. 하브루타 스피치로 더 많은 이들을 만나고 싶었다. 내 꿈이 다시 선명해지기 시작했다. 첫째를 어린이집으로 보내고 둘째는 등에 업고 나는 꿈을 위해 움직였다. 그랬더니 산후우울증이 사라지고 머릿속은 나의 앞날을 그리는 그림으로 가득 찼다.

나와 비슷한 상황을 겪은 이들이 많을 것이다. 육아는 자녀를 위해, 엄마이기에 꼭 해야 하는 일이다. 하지만 나를 위해서 꼭 해야 하는 일도 있다. 부모이자 한 사람으로서 내 꿈을 찾아가는 것, 내 자리를 찾아가는 것이다. '꿈이 있는 아내는 늙지 않는다.'는 말이 있다. 꿈은 거창한 것이 아니다. 내가 좋아하고 잘하는 것을 더 잘하기 위해 어떻게 노력할 수 있을지 찾아가는 것이 꿈의 시작이다. 생각하고 찾다 보면 꿈에서 파생된 꿈의 또 다른 가지들이 점차 뻗어 나갈 것이다. 내가 뭘 해야 할지 그림이 그려지고 더 나아가 함께할 수 있는 다른 것도 생각난다. "그래도 애 키우는 게 먼저죠." 말할 수 있다. 자녀 양육을 전담하는 것도 꿈과 비전이 될 수 있다. 유대인 엄마는 자녀를 잘 키우는 것을 가장 우선으로 여기고 중요하게 생각한다. 자녀를 잘 키우는 것이 유대인 엄마의 비전이다.

나는 연년생을 키우면서 꿈을 포기하고 있었다. 그 순간 남편이 "난 네가 좋아하는 일을 했으면 좋겠어."라고 말해 주었다. 그때 문득 "딸은 엄마의 인생을 닮는다."라는 말이 떠올랐다. 나는 내 딸이 자신의 꿈을 포기하고 현실에 순응하며 살지 않기를 바란다. 내 딸은 자신이 좋아하는 일, 재미있는 일을 하면서 아이도 키우며 힘들어도 보람차고 재미있게 인생을 살았으면 좋겠다. 내 딸이 꿈을 가지고 살아가길 바란다면 나부터 꿈을 향해 달려가야겠다는 결론을 내렸다. 그리고 남편에게 내 뜻을 전했다. 나의 꿈을 위해 당신의 협조가 꼭 필요하다는 강제성이 가득 담긴 통보였다.

꿈꾸는 부모를 보며 자란 자녀는 꿈을 꾸며 자란다. 나부터 먼저 꿈을 가지고 몸을 움직이며 열정적으로 삶을 가꾸어 가자. 열정적인 생각을 하며 나아가는 부모에게서 자녀는 열정적으로 생각하고 움직이는 법을 배운다. 현실에 치여 내려놓았던 내 꿈이 무엇이었는지 다시 생각해보라. 그 꿈을 위해 지금 내가 무엇을 해야 하는지 생각하며 생각의 물꼬를 틔우자. 생각의 물꼬가 점차 냇물이 되고, 강이 되고, 바다가 될 것이다. 꿈이 있는 엄마를 응원한다.

밥상머리에서 하는
하브루타 교육

"식사는 하셨습니까?"

"조만간 식사 한번 하시죠."

"밥 챙겨 먹어라."

우리는 '밥'을 소재로 다양한 인사를 나눈다. 상대를 만나 건네는 첫 마디, 헤어질 때 습관처럼 건네는 말, 가족이나 가까운 이에게 늘 하는 당부의 말 등 우리는 '밥'을 삶의 중요한 매개로 사용한다. 우리 민족에게 있어 밥은 중요한 의미를 지닌다. 농경사회의 영향도 있겠지만 가난한 시절 식사를 한다는 것은 단순히 끼니를 때우는 의미를 넘어 무사 무탈의 의미였다. 밥을 함께 먹는다는 것은 삶을 나눈다는 의미이다. 그렇기에 밥상에서 삶의 이야기를 공유하고 전수했다.

밥상머리교육은 함께 식사를 하며 부모님에게 세상을 사는 지혜, 사람을 대하는 예절 등 인성을 배우는 것이다. 조선 시대 선비들은 곧고 올바른 선비 정신을 밥상머리에서 배웠다. 선비 정신은 물질이 아니라 정신에 가치를 둔다. 그래서 이웃을 배려하고 가문의 명예를 소중하게 여기며 사람답게 사는 것을 최고의 가치로 여기며 가르쳤다. 이는 밥상에서 할아버지가 아버지에게 또 아버지가 아들에게 전수하는 교육이었다. 우리 역시 바쁜 일상 속에서도 가족이 함께 모여 식사했다. 부모님은 따로 인성교육을 하시지 않았지만 밥을 함께 먹으면서 예절을 가르쳤다. 하지만 오늘날 빠르게 흘러가는 문화 속에서 밥상머리 교육은 점차 사라지고 있다. 함께 살아도 출근 시간, 학원 가는 시간, 기타 약속 등으로 함께 밥을 먹고 삶을 나누기보다 다음 일정 사이에 끼니를 때우는 형태가 되었다.

유일신 신앙이 확고한 유대인은 안식일을 반드시 지킨다. 안식일은 단순한 종교행사가 아닌 그들 삶의 문화이다. 유대인들은 안식일에 온 가족이 둘러앉아 함께 식사한다. 안식일 식탁이 가지는 의미를 함께 나누며 일주일간의 삶을 공유한다. 식탁에서는 부모와 자녀 모두 허물없이 대화한다. 아이는 지난 일주일 동안 생긴 고민을 털어놓고 부모에게 조언을 듣기도 하며 《탈무드》나 시사에 대한 심층 토론을 하기도 한다. 안식일의 식탁은 모든 것을 함께 공유하며 서로 질문하고 토론하는 시간이다. 이 과정에서 자녀들은 부모에 대한 공경심을 배우고, 예절, 박애, 신의 등을 몸으로 익힌다. 현대 그룹 '정주영 가(家)'는 새벽 5시 가족 식사시간에 경영 수업을 했고, 정치 명가 '케네디 가'는 사회의 리더가 되는 자질을 식탁에서 가르쳤다.

밥상머리 교육이 인성교육뿐 아니라 자녀의 학업 성취도를 높인다는 연구 결과도 있다. 1980년 미국에서는 저소득층 아이들의 학업 성취에 대한 우려가 컸다. 중산층 이상의 아이들은 학업 성취도가 높고 고교 자퇴율이 낮지만 저소득층 아이들은 학업 성취도 부진했고 고교 자퇴율 역시 높았다. 하버드대학교 연구팀은 미국 보스턴에 거주하는 세 살 유아가 있는 중·저소득층 85가구를 선정하여 가정과 어린이집에서 나누는 일상적인 대화를 2년간 녹음했다. 경제력이 학업 성취도에 영향을 끼친다는 의견에 따라 연구 대상 아이들에게 똑같은 책과 장난감을 제공했다. 연구팀은 저소득층 아이들이 부모와 함께하는 시간이 부족하고 교육 환경 역시 열악하기에 낮은 학업 성취를 보일 것으로 예상했다. 하지만 부모의 소득이나 교구, 책, 장난감의 개수보다 가족 식사자리에서의 대화가 자녀의 학업 성취도에 중요한 요소로 작용했다. 아이의 언어 능력은 가족 식사의 횟수와 양질의 대화에 따라 차이가 나타났다. 가설이 뒤엎어졌다.

또한 콜롬비아대학교 연구 결과도 가족 식사의 중요성을 알려준다. 부모가 자녀에게 책을 읽어줄 때, 평균 140여 개의 단어가 나오지만 가족 식사를 하면서 나온 단어는 1,000개에 달했다고 한다. 또한 온 가족이 함께 식사하는 자리에서 자녀는 다른 상황에 비해 다양한 어휘를 사용했다고 한다.

'빨리빨리'를 외치며 살아가는 우리의 일상에서는 대화하며 여유롭게 식사하기가 어렵다. 빨리 먹고 학원 가라고 다그치는 후퇴한 밥상문화다. 가족과 제대로 밥 먹을 시간이 없는 것이 현실이다. 하지만 무엇보다 식탁에서 밥 먹는 것이 단지 끼니를 때우는 일이 아님을 깨우쳐야 한다. 자녀의 인성을 위해 무엇보다 함께 식사하며 삶을 공유해야 한다.

미국 전 대통령 버락 오바마의 어머니는 일찍 남편과 이별하고 홀로 오바마를 키웠다. 그녀의 하루는 너무 바빴다. 돈을 벌기 위해 일을 해야 했으며 학교 공부까지 마쳐야 했다. 그렇기에 아들과 함께하는 시간은 한정되었다. 부족한 시간을 보충하기 위해 오바마의 어머니는 매일 새벽 일찍 일어나 음식을 만들고 오바마의 침대로 아침을 가져가 함께 먹으며 숙제도 도와주고 대화를 했다. 그녀의 노력이 소통하는 대통령 버락 오바마를 만들 수 있었다. 이런 식사 시간을 매일 가지지 않아도 괜찮다. 가족과 함께 상의해 주 1회, 특정 요일을 정하고 우리 가족만의 안식일을 만드는 것도 좋다.

함께하는 식사 시간을 정했다면 이제 소통을 위한 대화를 해야 한다. 즐거운 대화가 필요하다. 내 자녀의 고민을 듣고 함께 고민하며 답을 찾도록 도울 수 있다. 갑자기 고민을 이야기하라고 말한다면 어려울 수 있다. 그렇다면 주말에 함께 식사할 메뉴를 정하며 서로 좋아하는 음식을 공유하면 된다. 가족 여행지를 찾으며 좋아하는 혹은 싫어하는 것이 무엇인지 대화할 수 있다. 유행하는 문화 현상을 주제로 토론할 수도 있다. 일상의 이야기부터 시사까지 어떤 주제도 좋다. 가족 모두가 자유롭게 자기 생각을 이야기하고 토론하면 된다. 이를 위해 부모는 잔소리나 훈계는 피해야 한다. 기분을 상하게 하는 평가와 훈계는 그곳을 빨리 벗어나고 싶은 마음이 들게 한다. 부모와의 대화를 회피하고 싶은 자녀는 함께 식사하는 것을 거부하게 된다.

건강하고 즐거운 식탁이 되어야 자녀는 부모에게서 공경을 배우고 예절을 익히며, 타인을 존중하며 사랑할 줄 알게 된다. 몸을 건강하게 하며 인성을 바르게 싹트게 할 것이다.

생각을 안 하면 생각을 못하게 된다

우리는 하루에 얼마나 많은 생각을 하며 살아갈까? 대부분 '내가 이런 생각을 하고 있구나.' 하며 생각 자체를 인지하지 않는다. 수많은 생각이 시시각각 흘러갈 뿐 생각 자체를 생각하며 고심하지 않는다. 물론 수많은 생각을 매 순간 점검할 순 없다. 점검할 필요도 없다. 수많은 생각이 불필요한 걱정인 경우도 많다. 하지만 나를 돌아보는 생각은 필요하다. 부모에 의해 생각의 회로를 가동하는 것이 아니라 스스로 자기 자신을 돌아보고 의식해야 한다.

밥상머리 교육은 자녀들이 자기 자신을 생각하게 하는 시발점이 된다. 부모의 질문 혹은 대화를 통해 시작될 수 있다. 부모가 생각할 주제를 던져주는 것이다. 지금 고민이 무엇인지, 내 주변 형편은 어떻게 바뀌고 있는지, 다양한 주제에 관하여 대화하면서 자기 생각을 살피고 정리할 수 있다. 생각하는 습관을 들이면 생각의 깊이와 넓이가 점점 확장된다.

요즘 아이들은 '생각하는 것'이 힘들다고 한다. 어떠한 질문이든 첫 번째 대답은 "몰라요."일 가능성이 크다. 연예인과 매니저의 일상을 보여주는 TV 프로그램이 있다. 매니저는 담당 연예인이 불편하지 않게 촬영하도록 사전에 모든 것을 확인한다. 촬영 중간 문제가 발생할 때도 재빠르게 개입하여 문제를 해결한다. 오늘날 수많은 자녀가 매니저 같은 부모의 체계적인 관리를 받고 있다. 부모는 자녀의 학업 성취를 높이기 위해 시간을 조율한다. 부모의 시간표에는 자녀의 스케줄이 계획되어 있기에 스스로 자신이 시간을 조율할 수 없다. 연예인은 스스로 자신이 할 작품을 선정하지만 우리 자녀는 다만 높은 성적, 좋은 학교가 목표다.

매니저 부모의 관리 속에 자란 자녀에게 생각을 물으면 "모르겠어요."라는 말이 먼저 나온다. 본인의 취향을 물어도 모르겠다고 대답한다. 다시 생각할 시간을 주어도 대답은 한결같다. "진짜 모르겠어요." 자녀는 생각할 필요가 없다. 하나부터 열까지 부모가 시키는 것을 잘하면 된다. 하루 맡겨진 과업을 잘 수행하면 칭찬받는다. 간혹 수학 학원을 왜 다녀야 하는지 의문이 들지만 이를 부모님께 이야기하면 잔소리만 들을 뿐이다. 부모님이 중요하다고 말씀하기에 토를 달 수 없고 꾸중 듣는 것도 싫어서 생각하지 않는다. 점점 생각과 멀어지고, 생각을 안 하다 보니 생각을 못하게 되는 것이다.

생각하지 않으면 주입되는 정보를 무분별하게 수용하게 된다. 폭력적인 매체를 접하면 폭력적인 성향을 지니게 된다. 잘못된 성의식의 영상물을 접하면 잘못된 성의식이 생긴다. 옳고 그름을 판단할 수 있는 능력이 부족해진다. 게임 중독, 영상물 중독으로 조절 능력이 떨어진다. 폭력적인 모습이나 자극적인 영상들은 쉽게 뇌에 각인된다. 굳이 노력하지 않아도 쉽게 머리에 남는다. 따라서 기억에 남겨야 할 정보인지 더는 수용하지 않아야 할 정보인지 분별하도록 부모는 먼저 생각하는 법을 가르쳐야 한다.

#스스로 생각하게 하자

자녀가 스스로 생각할 수 있도록 하는 첫 번째 방법은 아이를 있는 그대로 사랑하는 것이다. 자신이 존재 자체만으로 가치있다는 것을 알아야 자신을 신뢰할 수 있다. 자신이 신뢰할 수 있는 존재임을 확신할 때 당당하게 생각하고 결정할 수 있다. 자신을 신뢰하지 못하면 자기의 생각은 가치 없는 것으로 결국 타인을 통해 정답을 얻고자 한다. 자녀를 타인과 비교하지 말고 존재 자체로 사랑하며 이를 표현해야 한다. "네가 엄마의 아이로 와줘서 고마워.", "네 존재만으로도 아빠는 행복해.", "너무 애쓰지 않아도 된단다. 네가 무언가를 하지 않아도 엄마가 너를 사랑하는 마음은 변하지 않아." 등 아이를 있는 그대로 사랑해

주자. 사랑의 표현을 통해 자녀가 자기 생각에 믿음을 가질 수 있도록 하자.

두 번째, 많은 경험을 쌓도록 해야 한다. 창의성은 무에서 유를 창조하는 것이 아니다. 스티브 잡스는 '창의성이 사물을 연결시키는 능력'이라 말했다. 창의성은 전혀 다른 두 가지를 새롭게 접목하는 것에서 시작한다. 경험이 많은 아이는 생각할 수 있는 경우의 수가 많아지고 그 결과 접목할 수 있는 생각의 수도 많아진다. 달을 보는 경험을 해야 달에 가보면 어떨까 생각하는 것처럼 경험을 많이 해야 시야가 넓어지고 생각이 깊어진다.

세 번째, 자녀와 많은 시간을 보내고 대화하는 것이다. 어떤 대화를 해야 할지 먼저 고민한다. 양질의 대화가 중요하다. 하지만 양질의 대화를 하기 위해서는 무엇보다 먼저 대화의 양이 채워져야 한다. 대화의 양이 채워졌다면 대화의 질을 높여야 한다. 대화의 질은 생각 질문으로 높일 수 있다. 부모와의 대화를 통해 아이는 끊임없이 생각한다. 생각 과정을 통해 아이는 자신의 가치관과 삶의 방향을 정리할 수 있게 된다. 옳고 그름을 알게 된다. 즐거운 대화를 통해 스트레스도 해소하며 감정을 조절하는 힘도 키울 수 있다. 무엇보다 부모와의 지속적인 대화를 통해 행복을 경험하게 된다. 행복한 경험은 부모와 자녀의 관계를 돈독하게 해준다.

더 좋은 학원을 알아보고 더 좋은 공부 방법을 찾으며 자녀를 다독여 이를 수행하게 하는 것은 많은 노력이 필요하다. 하지만 가장 중요한 것은 방향이다. 가정에서 하브루타 스피치를 실천하고 싶다면 노력의 방향을 바꾸어야 한다. 자녀를 위한 시간과 잔소리하지 않으려는 인내심, 그리고 사랑하는 마음을 표현하는 노력이 필요하다. 부모의 노력에 자녀는 스스로 생각하고, 스스로 질문하고, 스스로 답을 찾으며 인성이 바른 어른으로 성장한다.

각성 아닌 감성 교육

#우리 아이 감정 정리하기

우리 사회에서 감정은 오랜 시간 부정적인 평가를 받아왔다. 공적인 관계에서 감정을 노출하는 것은 아마추어라고 여겨졌다. 그래서 표정 관리나 감정 조절을 잘 하는 사람이 되어야 했다. 싫어도 좋은 것처럼, 기분 상해도 나쁘지 않은 것처럼, 슬퍼도 즐거운 것처럼, 너무 행복해도 그렇지 않은 것처럼 행동해야 했다. 점잖아 보이고 겸손해 보이기 위해서 기쁨도 슬픔도 분노도 표현하지 않는 무색의 사람이 되어야 했다. 표현하지 않은 감정은 마음 속에 쌓여 결국 마음의 병이 된다.

아직 감정을 오롯이 이해하며 조절하지 못하는 아이들이 감정을 표출하지 못하고 마음에 담아둔다면 마음의 병이 생길 것이다. 아이들은 마음의 보따리가 가득 차면 자연스럽게 밖으로 표출하게 된다. 건강하지 못한 감정은 울음이나 폭력 혹은 다른 돌발행동으로 나타나기도 한다. 보따리가 가득 차서 행동을 표출하면 부모는 자녀의 이상행동을 제지하기에 급급하다. 잘못된 행동을 억제하기 위해 잔소리를 하거나 훈계한다. 이러한 악순환이 반복되면 감정 보따리는 더욱 곪아 감정 조절을 전혀 할 수 없게 된다. 자녀가 퇴행하기도 한다. 혼자 용변을 가리던 아이가 실수하고, 말을 잘 하던 아이가 갑자기 말을 더듬거나 말을 하지 않는 경우이다.

보따리 속에 있는 감정을 풀어낼 수 있도록 지켜보는 것이 중요하다. 부정적인 감정을 조절하기 위해서뿐만 아니라 긍정의 감정 역시 칭찬과 격려가 필요하다. 아이의 감정 보따리가 다 풀어지면 아이의 감정을 읽어줘야 한다. 아직 아이는 감정을 조절하는 방법을 알지 못한다. 어른들의 생각에는 화날 상황이 2의 수준이지만 아이는 온 힘을 다해 최대치인 10의 수준으로 화를 내기도 한다. 우선 아이의 화가 잠잠해지길 기다려야 한다.

"네가 화가 날 수 있는 상황이었어. 근데 너의 화를 1에서 10으로 숫자로 정리했을 때 어느 정도로 화가 났었니?"

"3정도 화가 났어요."

"3정도 화가 났구나. 그런데 엄마가 봤을 땐 네가 화를 표현하는 건 최고로 화가 난 것처럼 보였어. 표현이 조금 과한 것 같네."

"그럼 3정도 화가 나면 어떻게 표현해야 해요?"

"엄마는 3정도 화가 나면 말로 표현해. '나는 네가 이렇게 해줬으면 좋겠어.' 또는 '엄마 나는 지금 3정도 화가 났어요. 그래서 혼자 생각할 시간이 필요해요.'라고 말로 표현해. 넌 3정도 화가 나면 어떻게 표현할래?"

자녀와 대화를 통해 감정을 스스로 정리할 수 있도록 도와야 한다. 소설가 김영하는 현대 사회는 '짜증난다.'라는 한 마디로 수많은 감정을 표현한다고 말했다. 부정적인 감정에도 수많은 이유로 인해 복잡미묘한 차이가 있다. 하지만 오늘날 우리는 '짜증'이라는 단어 하나로 감정 표현을 획일화하고 있다. '서운하다. 서럽다, 슬프다, 화가 난다, 억울하다, 두렵다, 당황스럽다, 부끄럽다, 창피하다, 속상하다.' 등 감정에 적합한 단어로 표현해야 한다.

한 아이가 "아, 짜증나. 짜증나!" 소리쳤다. 이 말 하나로는 왜 짜증이 났는지 이 짜증을 풀어주기 위해서 무엇을 해야 하는지 전혀 알 수 없다. 아이는 엄마가 동생에게만 과자를 주는 모습에 기분이 상해 엄마와 동생에게 심술을 부렸지만 그 이유를 알 수 없다. 그저 이유 없는 반항을 하는 것으로 보일 뿐이었다. 아이 역시 자신의 부정적인 감정을 해소하지 못하고 엄마와 동생만 원망했다. 만약 아이가 스스로 감정을 정리할 수 있으면 "엄마가 동생한테만 과자를 주셔서 서운했어요."라고 자신의 감정을 표현했을 것이다. 감정을 건강하게 표현하는 것은 감정 보따리의 물꼬를 열어주어 부정적 감정은 해소하고 긍정적 감정은 더욱 확장할 수 있다. 감정을 언어로 표현하는 것은 사람만의 특권이다. 우리 자녀는 감정의 특권을 즐기면서 살아갈 필요가 있다. 억제하고 누르면서 살아간다면 삶은 힘들어진다. 점점 마음속 감정 보따리가 쌓여 곪아 우리 자녀의 삶을 힘들게 하는 요인이 될 것이다. 우리 자녀가 많은 감정 속에서 행복하고 흥미롭게 살아가도록 자녀의 감정을 읽어주고 정리해주자.

#'고마워'라는 말

지난 한 주 잔소리를 많이 했는지, 고마움을 표하는 말을 많이 했는지 생각해보라. '고맙다.'라는 말은 자녀가 가장 많이 들어야 하는 말이다. 부모에게 고맙다는 말을 들은 자녀는 자존감이 올라간다. 자녀의 기운을 북돋는 말이 '고맙다'이다. 하루에 한 번 이상 자녀에게 "고맙다."라고 말하라. 고맙다는 말은 감사를 불러온다. 부모가 자신에게 고마워한다는 것을 아는 아이는 모든 일에 최선을 다 하게 된다.

"자녀에게 고마움을 많이 표현하세요."라고 이야기하면 대부분 부모는 쑥스러운 듯 "이쁜 짓을 해야 고맙다고 말하죠."라고 답한다. 사실 자녀에게 고마운 것이 한둘이 아니다. 임신했을 땐 '우리에게 와줘서 고마워.', 태어났을 땐 '건강하게 태어나줘서 고마워.', 아기일 땐 '잘 먹고, 잘 놀고, 잘 싸줘서 고마워.' 등 매 순간 고마웠다. 아이가 성장하면서 고마움을 잊게 된다. 점차 부모 말에 대꾸하고, 숙제나 공부를 하지 않고 게임만 하는 모습에 화가 나 야단을 치면 대들기도 한다. 이런 행동을 보면 실망감이 커서 자녀의 장점은 잘 보이지 않게 된다.

자녀는 고마운 존재이다. 매 끼니 열심히 먹고 튼튼하니 고맙다. 건성으로 듣는 것 같았는데 알고 보니 듣고 있어서 고맙다. '고마워.'라는 말의 힘은 강력하다. 잔소리는 잠시 잠깐의 행동 변화를 가져오지만 고맙다는 말은 잘한 행동을 강화시켜 지속하게 한다.

잔소리 외에도 보상은 자녀에게 부모의 요구를 쉽게 수용하도록 하는 방법이다. "너 엄마 심부름하면 게임 30분 더하게 해줄게.", "네 방 청소하면 용돈 줄게." 등 보상을 전제로 자녀에게 지시하기도 한다. 보상은 행동 변화를 신속하게 일으킨다. 하지만 보상의 효력이 다하면 변화도 멈춘다. 지속 가능한 변화를 바란다면 자녀에게 '고마워.'를 보상해야 한다. "엄마 심부름해줘서 고마워. 덕분에 엄마가 설거지를 마무리할 수 있었어. 고마워.", "네 방 청소해줘서 고마워. 네 방이 너무 깨끗해지니까 엄마가 기분이 좋아졌어." 등 고맙다는 말은 자녀에게 성취감을 준다. 자신의 행동이 엄마를 기쁘게 했다는 생각에 자기 만족감이 생긴다. 반복된 성취감은 아이를 바람직하게 이끈다.

사춘기가 되면서 자녀는 부모와 의논하지 않으려 한다. 정답을 제시하려는 부모는 대화가 아니라 잔소리 혹은 훈계를 하기 때문이다. 자녀가 고민을 이야기하려 할 때, "엄마와 상의해줘서 고마워."라고 말해보자. 먼저 부모에게 고민을 이야기하기까지 불안했던 마음이 평안해질 것이다. 부모가 더는 장벽이 아니라 함께 문제를 해결해가는 친구처럼 느껴질 것이다. 든든한 지지기반을 얻는 것 같을 것이다.

'고마워.'는 누구나 기분이 좋아지는 말이다. 누군가 인정해준다는 의미이기에 큰 힘이 된다. '고마워.'라는 말을 많이 듣고 자란 자녀는 사회에서도 고맙다는 말을 많이 듣는다. 또한 타인에게도 고맙다는 말을 많이 하게 된다.

미국의 대표적인 심층 뉴스 TV 프로그램 〈인사이드 에디션〉의 진행자로 유명한 데보라 노빌도 위대한 성공이 "감사합니다."라는 말을 자주하는 사소한 습관에서 비롯된다고 말한다. 데보라 윌은 "여러분 곁에 있는 사람들에게 감사하세요. 그리고 궁극적으로 그렇게 감사할 수 있는 여러분 자신에게 감사하세요. 그렇게 살아간다면 하루하루가 즐거울 거예요."라고 말한다.

스트레스 분야의 최고 권위자이자, 정신과 의사이고 노벨 의학상을 받은 한스 셀리 박사가 하버드대학교에서 고별 강의를 했다. 그의 마지막 강의를 듣기 위해 많은 사람이 모였다. 한스 셀리가 강의를 마치자 한 사람이 한스 박사에게 질문을 했다. "박사님, 우리가 사는 세상은 스트레스가 너무 많아요. 어떻게 스트레스를 이길 수 있을까요?" 이 질문에 한스 박사는 '감사'

라고 했다고 한다.

이 세상을 살아가는 힘은 감사에서 나온다. "고맙다.", "감사하다."라는 말로 키운 아이는 힘든 일을 넉넉하게 이기며 살아갈 수 있을 것이다.

둥글고 따뜻하게 말하라

#따뜻한 마음을 전달하자

'시각절벽' 실험이 있다. 시각절벽은 표면이 튼튼한 유리로 덮여 있지만 아기들이 보기에는 깊이감이 느껴져 절벽처럼 보이는 특별한 장치이다. 6~14개월의 아기를 시각절벽 위에 놓고 반대편에서 엄마가 아기 이름을 부르며 절벽을 건너오라고 손짓한다. 불투명한 바닥이 어느새 투명해지면서 아기는 두려워하며 멈칫한다. 아기는 앞으로 가지 못하고 엄마를 바라보는데 엄마의 표정에 따라 아기들의 행동이 달라졌다. 엄마가 무표정일 때에 아기는 그 자리에 주저앉거나, 다시 시작 지점으로 돌아갔다. 하지만 활짝 미소짓는 표정을 본 아기는 절벽처럼 보이는 곳을 기어 엄마에게 가 안겼다.

의사 전달은 말로만 하는 것이 아니다. 몸의 모든 부분은 의사전달의 도구가 된다. 미국 UCLA의 심리학과 명예교수인 앨버트 메라비언은 "사람은 현란한 말솜씨보다 다정함에 끌린다."

라고 말했다. 똑같은 문장을 말해도 말하는 이에 따라 호감 또는 비호감이 된다. 메라비언 교수는 의사소통에서 표정, 자세, 제스처 등 시각적 요소가 55% 이상 영향을 끼친다고 말했다. 말의 목소리, 음색, 억양 등 청각적 요소가 38%, 말의 내용은 7%밖에 영향을 주지 않았다. 효과적인 의사소통에 있어서 말투나 표정, 눈빛과 제스처 같은 비언어적 요소가 차지하는 비율이 무려 93%의 높은 영향력이 있다는 것이다. 메라비언 교수는 "행동의 소리가 말의 소리보다 크다."라는 명언을 남겼다. 자녀에게 따뜻한 마음을 전달하기 위해 중요한 것은 표정, 자세, 말의 억양, 음색 등이라는 것이다.

먼저 자녀를 바라보는 눈빛, 표정이 따뜻해야 한다. 자녀는 부모의 눈을 통해 대화한다. '재 또 왜 저래.' 하는 한심한 표정과 눈빛으로 "네 생각은 어떻니?"라고 질문하면 진실한 대답을 들을 수 없다. 아이는 부모가 지금 자신을 따뜻하게 대하고 있지 않다는 것을 안다. 자녀를 바라보는 나의 표정을 거울로 비추듯 마주해보자. 자녀를 어떻게 바라보고 있는지 점검해 보자. 눈빛과 표정은 의사소통의 가장 기본이다. 연습이 필요하다. 거울을 보며 '나는 아이를 사랑한다. 아이는 존재 자체만으로 감사하다.' 하며 매일 말해보자. 점점 아이가 부모를 대하는 태도가 바뀔 것이다. 내가 먼저 따뜻한 마음을 표정에 담아 이야기한다면 나를 바라보는 자녀의 눈에도 따뜻함이 차오를 것이다.

두 번째는 말의 억양, 목소리의 톤을 다듬어야 한다. “잘한다~.”와 “잘~한다.”는 같은 글자지만 뜻은 다르다. 억양과 톤은 상대가 듣기 좋은 소리, 듣기 싫은 소리를 구별하게 한다. 똑같은 글자라도 억양에 따라서 느낌은 달라진다.

친절	너의 생각은 어떻니? (너어의 새앵각은 어떠었니)	불친절	너의 생각은 어떻니? (너의! 생각은! 어떻니!)

물결처럼 둥글게 이어지는 억양은 친절하고 따뜻하게 들린다. 반면 직선형의 억양은 스타카토처럼 딱딱 끊어져 불친절하고 차갑게 느껴진다. 억양에도 온도 차이가 있다. 부모는 자녀에게 말할 때 둥글고 따뜻하게 말하도록 연습해야 한다. 본인이 가진 원래 음색이 가장 좋다. 다만 배에 힘을 실어 말하면 더 안정적인 소리가 된다. 안정적인 소리는 듣는 상대에게 신뢰를 줄 수 있다.

마지막은 말의 내용이다. 7%라는 적은 영향을 미치지만 말의 내용 역시 고려해야 한다. 표정, 자세, 억양, 음색 등 모든 것이 친절한데 내용이 “넌 애가 왜 그러니?”라고 한다면 영화 〈친절한 금자씨〉의 “너나 잘 하세요.”를 말하는 금자 씨가 될 것이다. 비언어적인 요소와 언어적 요소인 내용이 어긋나면 자녀는 부모가 비꼬아 말한다고 생각한다. 부모의 의도가 잘못 전달되고 관계마저 틀어진다.

의도를 정확히 전달하기 위해서는 따뜻하고 친절한 말을 해야 한다. "나는 원래 무뚝뚝한 사람이라 친절하게 말할 수 없어요."라고 말할 수도 있다. 연습해보지도 않고 '원래'라는 단어에 숨는다면 자녀와 제대로 소통하기 어렵다. 연습으로 충분히 바뀔 수 있다. 자녀를 향한 따뜻한 마음을 목소리에 담아 전달하자. 따뜻한 마음을 듣고 자란 자녀는 따뜻한 어른으로 성장한다.

#내 감정을 말하자

문장을 구성하기 위해서는 주어, 서술어, 목적어, 보어가 필요하다. 나라마다 위치가 다르기도 하지만 주성분이 빠져서는 안 된다. 주어는 서술하는 주체를 나타내는 문장 성분으로 문장에서 가장 핵심이 된다. 상대를 배려하는 말하기를 하기 위해서는 주어를 잘 선정해야 한다. 주어에 따라 전달하고자 하는 말의 의미가 달라지기 때문이다. '나'와 '너', 모음의 획이 바뀜으로 문장이 내포하는 뜻에 큰 차이가 난다.

주어가 '너'가 되면 상대방을 질책하거나 상대방의 탓으로 돌리는 말하기가 된다. '너 전달법'은 상대방의 반감을 일으킨다. '나 전달법'은 상대의 행동으로 인해 내가 느낀 감정과 생각을 표현하는 것이다. 그래서 상대방의 마음을 상하게 하지 않는다. 귀가 시간이 늦어져 엄마에게 혼날 것을 예상하며 집에 온 아이가 있다. “왜 늦었니?”라고 묻는 엄마에게 어떤 말을 할지 연습하며 두근거리는 마음으로 집에 왔을 것이다. 야단맞을 것으로 생각했던 아이가 “엄마는 네가 늦게 들어오면 걱정이 많이 되더라. 좀 일찍 다니면 좋겠어.”라는 말을 듣는다면 긴장했던 마음과 몸이 겨울 눈 녹듯 녹을 것이다. 자신을 향한 엄마의 사랑이 느껴져 마음의 빗장이 풀리게 된다. 아이의 마음에 봄이 찾아온다.

‘너 전달법’은 쉽다. 불편한 감정을 표현하면 되기 때문이다. 불편한 감정을 남의 탓으로 돌리면 책임의 무게를 빠르게 덜 수 있다. 그렇기에 ‘너 전달법’은 생각하지 않아도 그저 툭 하고 나온다. 하지만 ‘나 전달법’은 연습이 필요하다.

‘나 전달법’을 잘하기 위해서 첫째, 상황을 객관적으로 봐야 한다. 아이가 연락 없이 늦게 들어왔다. 친구들과 노느라 연락을 못 했을 수 있다. 집으로 오는 길에 아픈 친구를 집에 데려다주고 오는 길일 수도 있다. 배경은 알 수 없다. 다만 내 자녀가 연락 없이 늦게 들어온 정보만 수용해야 한다. 둘째, ‘너’가 아닌 ‘나’의 감정에 집중해야 한다. 자녀가 늦게 들어와서 ‘화가 난 것인지’, ‘걱정하고 있는 것인지’ 알아야 한다. 걱정하는 것이라면 굳이 아이에게 화를 내지 않아도 된다. 셋째, 집중한 내 감정을 아이에게 고스란히 전달하자. 내 감정에 다른 무언가를 첨가하지 않고 이 상황의 모습과 내 감정을 고스란히 전달하면 된다.

"너는 며칠 전에도 늦더니 오늘도 늦구나." 라며 과거 일을 언급하거나 "다음부턴 일찍 다녀." 등 지시나 훈계를 배제해야 한다. 지금 이 순간의 상황에만 집중해야 한다.

너 전달법	나 전달법
"너 왜 이렇게 늦었니?"	"나는 네가 늦으니까 걱정이 되더라."
"너는 물을 쏟고 그러니. 칠칠치 못하게."	"나는 네가 주변을 둘러보는 주의를 기울이면 좋겠다."
"너 때문에 영화 놓쳤잖아."	"나는 영화를 보지 못해 속상하네."
"너 동생 때리지 말랬지."	"나는 네가 동생을 때리지 않고 사이좋게 놀면 좋겠구나."
"너 이래서 대학 가겠니?"	"나는 네가 원하는 대학을 갈 수 있을지 걱정이 된단다."

나의 감정을 전달하는 방법을 사용하면 생각보다 자녀에게 화낼 일이 별로 없다. 나의 불편한 감정을 자녀의 잘못으로 풀고 있었다는 것을 알게 된다. 화를 내지 않으니 부모님에게 가지는 반감이 줄고 부모님의 생각이 정확하게 전달되니 부모님이 나를 진심으로 걱정하고 있다는 것을 알게 된다. 부모의 마음을 알게 된 자녀는 부모의 걱정을 덜고 기쁘게 해드리고 싶은 마음에 행동의 변화를 보인다. 부모의 화법만 바뀔 뿐인데 가정의 분위기가 달라진다. 크고 날카로운 소리 대신 따뜻하고 부드러운 소리가 가득해 진다.

귀가 큰 부모가 되어라

#2초의 마법

말이 넘쳐나는 시대이다. 상품을 홍보하는 시대를 넘어 자신을 홍보해야 하는 시대이기 때문이다. SNS와 가상 공간에서도 수많은 말이 오간다. 주고받는 수많은 말이 가려운 것을 긁어주는 시원한 말, 얼어붙은 마음을 녹이는 따뜻한 말이 되기도 하지만 듣는 것조차 힘든 말도 있다. 말을 잘 하는 사람이지만 오히려 말을 멈춰줬으면 좋겠다는 생각이 들기도 한다. 즐거운 소통을 이끄는 사람들은 말을 잘하는 사람이 아니라 도리어 말을 잘 하지 않는 사람이다. 말수가 적은 대신 상대방의 이야기를 잘 들어주는 사람이다. 잘 들어주는 이와 이야기를 하면 막혔던 속이 뻥 뚫리는 것 같다. 하고 싶은 이야기를 하면서 공감을 얻었다는 생각이 들기 때문이다.

가정에서도 수많은 말이 오간다. 자녀의 이야기에 말이 안 되는 소리라 치부하지 않았는지 혹은 기계적으로 "응, 그래."로 대답하고 있지는 않았는지, 자녀의 이야기를 충분히 듣기 전에 해답을 제시하기 위해 말을 가로채지 않았는지 돌아보아야 한다.

즐거운 소통을 위해 먼저 경청이 필요하다. 단순하게 잘 듣는다고 경청이 아니다. 경청은 상대방이 말하고자 하는 내용만이 아니라 감정, 생각을 함께 이해하는 것이다. 그래야 제대로 호응하고 정확하게 피드백할 수 있다. 자녀의 감정과 생각을 잘 이해하기 위해서 자녀의 말을 끝까지 들어야 한다.

대부분 상대방의 이야기를 끝까지 잘 듣는다고 생각한다. 내가 얼마나 상대방의 이야기를 끝까지 잘 들었는지는 상대방의 이야기가 끝나고 내가 얼마나 빨리 반응하는지를 보면 된다. 대부분 상대방의 이야기가 끝나고 반응하기까지 1초가 채 되지 않는다고 한다. 상대의 감정과 생각을 이해하는데 1초가 안 걸렸다는 말이다. 우리는 이야기를 들으면서 해석한다. 그리고 어떻게 말해야 할지 생각한다. 상대의 이야기를 끝까지 듣는 것이 아니라 어느 순간 내 뜻대로 해석하며 결론을 낸다. 상대의 이야기를 끝까지 듣고 이해하기 위해서는 온전히 상대방에 집중해야 한다. 그리고 이야기가 끝나고 2초간의 여운을 주고 자기 생각을 말하는 것이 좋다. 2초는 상대의 감정과 생각에 공감하기 위한 시간이다. 자신의 이야기에 공감한다는 것을 느낀 상대는 더욱 진솔한 이야기를 하게 된다.

부모는 세상 누구보다 내 자녀의 이야기에 귀 기울이고 집중해야 하는 사람이다. "임금님 귀는 당나귀 귀"를 외칠 수 있는 대나무 숲과 같은 존재여야 한다. 아이가 말을 조리 있게 못할 수 있다. 시간 순서도 무시하고, 서론과 결론도 없으며, 간혹 등장인물조차 이야기하는 도중에 바뀔 수 있다. 그렇더라도 이야기를 끊지 말고 끝까지 들어 주자. 그리고 2초의 정리 시간 후 피드백하자. 자녀에게는 공감의 시간이고 이야기를 듣는 부모에게는 생각 정리의 시간이다. 좀 더 분명하게 피드백하기 위해서 자녀의 이야기를 되짚어 확인하듯 이야기하는 것도 좋다.

"엄마, 오늘 은서가 밥을 잘 안 먹었어. 근데 은서가 아침에 장난감을 유치원에 가지고 왔는데 선생님이 친구들하고 함께 못 논다고 가방에 넣으라고 해서 서희가 울었어. 서희가 장난감 가지고 놀았거든. 장난감은 선생님이 가방에 넣었어. 은서도 울었어."

보통 아이들은 자신이 하고 싶은 말을 생각나는 대로 이야기하기 때문에 순서가 맞지 않을 수 있다. "은서가 밥을 잘 안 먹었어."라는 말에 바로 "왜? 은서가 왜 밥을 안 먹었어?"라고 물으면 아이가 원래 하고 싶은 이야기를 잃어버리게 된다. 아이가 머릿속에 그리고 있던 생각의 그림이 와장창 깨어지고 이어지는 말에 얼버무리며 대화는 끝나게 된다. 모든 이야기를 듣고 나서 자녀의 말을 시간 순서로 나열해서 정리해주는 것이 좋다.

"아~ 아침에 은서가 가지고 온 장난감을 서희가 가지고 놀고 있었는데 선생님이 가방에 넣으라고 해서 서희랑 은서가 울었구나. 그래서 은서가 밥을 많이 안 먹었어? 은서가 왜 그랬을까?"

아이가 말을 마친 것인지 알 수 있는 시간, 아이의 말에 내 생각을 정리할 시간이 필요하다. 그것이 2초의 마법이다. 여운의 시간이 길어지면 상대는 자신의 말을 듣고 있지 않았다고 생각할 수 있다. 오해 없이 수용할 수 있는 적절한 간격이어야 한다. 숨을 들여 마시며 '하나, 둘' 2초의 시간을 두고 이야기하자.

#경청도 표현이다

아이 : 엄마, 오늘 학교에서 보영이랑 미희랑 운동장에서 놀았는데.

엄마 : (스마트폰을 보며) 그랬어?

아이 : 반 남학생들이 축구하고 있었거든.

엄마 : (스마트폰을 바라보며) 응.

아이 : 엄마! 내 말 듣고 있어?

엄마 : (스마트폰을 보며) 응, 듣고 있어.

아이 : (화내면서) 엄마는 내 말 듣지도 않고. 말 안 할래!

엄마 : (깜짝 놀라며) 어?

아이는 엄마에게 왜 화가 났을까? 엄마는 아이의 말에 호응했다. 그런데도 아이가 화가 난 이유는 엄마의 행동에 있다. 자신이 아닌 스마트폰에 집중했기 때문이다. 내가 말하고 있는데 상대가 대충 듣고 있다는 생각이 들 때 화가 난다.

《탈무드》에는 "귀는 친구를 만들고 입은 적을 만든다."라는 말이 있다. 경청을 강조한 것이다. 어떻게 경청해야 할까? 첫째, 상대와 눈을 맞춘다. 소통의 가장 기본은 눈맞춤이다. 거짓을 말하는 사람은 상대의 눈을 똑바로 바라보지 못한다. 듣고 있는 상대의 눈을 통해 자기 자신을 보기 때문이다. 자신의 이야기를 듣는 이의 눈을 보며 거짓말할 수 없다. 눈은 많은 것을 담고 있다. 눈은 상대가 얼마나 깊이 이야기에 빠져 있으며 이해하고 있는지를 보여준다. '너의 말을 잘 듣고 있단다.'의 마음을 눈에 담아 자녀의 이야기를 들어야 한다.

둘째, 다른 일을 하지 말자. 대화는 멀티플레이어가 불가능하다. 대화하면서 스마트폰을 만지거나, 신문이나 TV를 보는 것은 좋지 않다. 우리의 뇌는 한 번에 두 가지 일을 할 수 없다. TV를 보는 것은 우리 뇌의 TV 시청 스위치를 켠 활동이다. 중간에 대화라는 다른 일을 하게 되면 TV 시청 스위치는 내려가고 대화 스위치를 켠다. 스위치의 전환 속도가 빨라 우리는 흔히 두 가지의 일을 한 번에 하는 것처럼 느낀다. 하지만 두뇌는 이를 차례로 처리하기 위해 다른 활동의 스위치를 켜게 되고 그 순간 반대 활동은 공백이 생긴다. 즉, 다른 무언가를 하면서 대화하는 것은 대화에 집중하지 못한다는 뜻이다. 대화를 위해서는 대화에만 집중해야 한다.

셋째, 머릿속에 떠오른 생각을 멈추자. 상대의 말에 집중하고 있지만 한 번씩 불쑥 떠오르는 생각이 있다. 아이가 오늘 학교에서 친구와 싸워서 기분 나빴다고 말하고 있는데 불쑥 '얘 오늘 쪽지시험이랬는데, 잘했나?' 하는 생각이 떠오를 때가 있다. 자녀의 학교생활에서 파생된 생각이지만 아이가 하고자 하는 이야기를 충분히 듣는 게 우선이다. 자녀가 자신의 감정을 모두 호소하고 난 후, 새로운 주제의 대화가 가능해진다. 자녀는 충분히 자신의 이야기를 토로했기에 부모의 새로운 질문에 흔쾌히 응한다. 아이가 기분 나빴던 상황을 이야기하고 있는 중간에 "아! 너 오늘 쪽지시험이랬지? 잘했어?"라고 묻는다면 아이는 엄마의 관심이 성적에만 있다고 생각한다. 자신의 마음에는 관심이 없다고 오해할 수 있다. 지금 집중해야 할 것은 지금 상대방이 말하는 대화의 주제라는 것을 잊지 말자.

넷째, 상대가 처한 상황을 내 것으로 만들지 말자. 사람마다 자신이 겪은 상황에서 느끼는 생각과 감정은 모두 다르다. 자녀가 지금 자신이 겪고 있는 힘듦과 어려움을 이야기할 때 부모가 경험한 상황을 빗대어 이야기하는 경우가 많다. "나도 너와 비슷한 경험을 했어. 그러니 잘 될 거야." 이는 섣부른 공감과 위로이다. 자녀는 '난 엄마랑 달라.' 하고 생각하며 부모의 말을 온전히 받아들이지 않는다. 좋은 의도가 잘못 전달되는 것이다. 그저 "힘들겠구나."라며 자녀의 마음을 알아주는 정도의 공감이 적당하다.

경청은 의사소통의 중요한 요소이다. 말을 기술적으로 잘 하는 것보다 말을 잘 들어주는 것이 더 큰 호감을 준다.

25년 동안 미국 주요 기관에서 질문과 커뮤니케이션 전략을 가르쳐 온 제임스 파일과 메리앤 커린치가 지은 《질문의 힘》에서는 경청에 대해 다음과 같이 말한다.

> 잘 듣지 못하면 질문이 좋아봐야 아무 소용이 없다. 따라서 묻기와 듣기는 같은 무게를 지닌다. 질문자가 더 개발하고 발전시켜야 할 중요한 기술이 바로 효과적인 경청 기술이다. 잘 듣지 않으면 중요한 것을 놓치기 쉽다. … 질문하는 데만 골몰한 나머지 그 질문에 되돌아오는 정보를 흡수하지는 못하는 것이다. 사람들이 대답을 듣지 못하는 또 다른 이유는 상대가 답하는 동안 다음 질문을 생각하고 그 질문을 어떻게 물어야 할지에 정신이 팔려 있기 때문이다. 그런데 상대가 질문에 답변하는 중에는 다음 질문을 준비할 수 없다. 자신이 던졌던 질문에 대한 답을 듣기 전까지 다음 질문으로 무엇이 가장 좋을지 알기 어렵기 때문이다. … 인간에게는 귀가 둘이고

입이 하나이다. 최고의 질문자는 바로 그 비율로 귀와 입을 사용한다. 질문은 질문에 답하는 사람에게 초점이 맞춰져 있다는 의미이다. 대화에서는 질문자가 주인공이 아니다. 대화 중에 주로 말을 많이 하는 쪽이 질문자라면, 그는 제대로 질문하는 것이 아니다.

경청은 배우고 습득할 수 있다. 먼저 부모가 자녀의 말에 귀를 열어야 한다. 그러면 자녀도 부모의 말에 귀를 열 것이다. 귀가 열리는 경청을 아는 자녀는 많은 것을 들을 수 있는 풍요로운 대화를 할 수 있다.

메타인지를 키우는 질문

대화가 실패하는 가장 큰 원인은 '정답을 주고자 하는 욕구'라고 한다. 문제를 해결해 주고 싶은 마음에 상대의 이야기를 온전히 듣지 못한다. 흔히 부모는 자녀의 질문에 정확한 답을 해주어야 한다고 생각한다. 정답을 주는 것이 부모의 의무로 여긴다. 하지만 이러한 대화는 주입식 교육과 같다. 예를 들어, 자녀가 "낮과 밤이 왜 있어요?"라고 질문하면 대부분의 부모는 지구의 자전을 어떻게 설명해야 할지 고민부터 한다. 자녀의 호기심이 부모의 공부로 변해버린다. 부모는 자녀가 스스로 알아가도록 도와주는 역할로 충분하다. 자녀가 스스로 질문의 답을 찾아낼 수 있어야 한다.

"엄마 낮과 밤은 왜 생겨요?"

"낮과 밤의 큰 차이가 뭘까?"

"해와 달이 달라요."

"그럼 해와 달은 어떻게 떠오르는 걸까?"

"해랑 달이 교대로 움직이는 것이 아닐까요?"

"음…. 해와 달이 어떻게 움직이는 걸까?

"어떻게 움직이는 거예요?"

"글쎄 우리 같이 알아볼까?"

부모는 자녀에게 정답을 알려주기보다 호기심을 유지하며 스스로 문제를 해결하도록 돕는 지지자가 되어야 한다. 부모가 알려준 정답은 쉽게 얻은 지식이기에 기억에서 쉽게 지어진다. 정답을 찾는 과정이 학습이 되도록 이끌어 주어야 한다. 자녀 스스로 책을 찾아보고 인터넷을 검색하면서 답을 찾아야 한다. 이러한 일련의 과정을 통해 낮과 밤이 해와 달의 움직임이 아니라 지구의 자전에 의한 것임을 알게 된다면 아이는 자기만의 백과사전에 뚜렷한 정보로 기록하게 된다. 스스로 알게 된 지식은 성취감을 올려준다. 성취감을 맛본 아이는 더 깊이 알고 싶은 욕구가 생긴다. 낮과 밤의 궁금증이 태양계의 궁금증으로 확대될 수 있다.

부모의 질문은 자녀의 메타인지를 키우는 데에도 도움이 된다. 메타인지란 내가 아는 것과 모르는 것을 정확하게 파악하는 능력이다. 생각에 대한 생각, 즉 내가 어떤 생각을 하고 있는지를 객관화시켜 이해할 수 있는 능력으로, 상황을 냉엄하게 파악하고 자신의 현재 좌표를 정확하게 찍을 수 있는 힘이다. 공자도 《논어》에서 '아는 걸 안다고 하고 모르는 걸 모른다고 하는 그것이 바로 앎이다(知之爲知之 不知爲不知 是知也).'라고 말했다.

아는 것 같은데 정확하게 설명할 수 없다면 그것은 모르는 것이다. 아는 것처럼 느껴지는 것은 익숙함 때문이다. 익숙함에 속아 모르는 것을 아는 것처럼 느끼고 있다는 것을 알아야 한다. 아이가 스스로 정확히 모르는 개념임을 인지할 수 있도록 질문해야 한다.

일반 대화	"낮과 밤은 어떻게 생기는 것일까?" "지구가 움직여서 생겨요." "지구가 어떻게 움직여서 생기는 거야?" "어, 지구는 움직인댔는데…. 어떻게 움직였더라…." "너 제대로 모르잖아. 엄마가 공부할 때 확실히 공부하라고 했지!"
메타인지 대화	"낮과 밤은 어떻게 생기는 것일까?" "지구가 움직여서 생겨요." "지구가 어떻게 움직여서 생기는 거야?" "어. 지구는 움직인댔는데…. 어떻게 움직였더라…." "그러게 지구는 어떻게 움직이고, 왜 움직이는 걸까?" "엄마, 지구가 움직이는 것은 알겠는데 어떻게, 그리고 왜 움직이는지 모르겠어요." "지구가 움직이는 것은 알고 있으니 어떻게 해서 움직이는지, 움직이는 이유는 무엇인지 찾아볼까?"

자녀가 무엇을 알고, 어디까지 알고 있는지 스스로 인지하도록 부모는 질문으로 유도해야 한다. "확실히, 제대로 공부해."라는 부모의 말은 무엇을 어떻게 공부해야 할지 모르는 자녀에게는 그저 막막한 잔소리일 뿐이다. 부모의 질타에 자녀는 반감만 생긴다. 자녀 스스로가 부족한 부분이 무엇인지 발견하는 능력

을 키우도록 해야 한다. 5W1H의 질문법을 이용하면 좋다. 부모가 '누가, 언제, 무엇을, 어디에서, 어떻게, 왜'로 질문하며 구체적으로 생각해야 할 거리를 찾아보게 한다. 부모의 질문에 익숙해진 자녀는 부모가 없이도 스스로 자신에게 물어보는 능력이 생긴다. 개념에 대하여 스스로 물어보고 다시 확인하는 과정을 반복함으로 학습이 이루어진다. 자녀의 메타인지 능력은 부모의 질문으로부터 성장한다.

유대인 부모는 '아이에게 물고기를 잡아 주는 것이 아니라 아이에게 물고기 잡는 방법을 알려 주는 것'임을 강조한다. 그런데 최근 이 말이 진화했다. 물고기 잡는 방법은 물론이고 왜 잡아야 하는지를 알려 주어야 한다는 것이다. 아무리 방법을 알아도 왜 잡아야 하는지 모르면 아이는 물고기를 잡으려 하지 않을 것이다. '배가 고프면 물고기를 잡아먹겠지.'라는 생각은 부모의 안일한 생각이다. 물고기를 잡는 방법만으로 모든 아이가 배를 채울 수는 없다. 자녀마다 성향이 다르기에 그에 맞는 방법을 알려줘야 한다. 같은 상황이라도 배를 왜 채워야 하는지 모르는 아이가 있다. 배가 고프니 남의 것을 그저 가져와 배를 채우는 아이도 있다. 어떤 아이는 열심히 물고기를 잡아 자신의 배도 채우고 친구의 뱃속 사정까지 알아 도와주기도 한다. 부모는 왜 지식이 필요한지, 부족한 것은 무엇인지, 지식을 옳은 방법으로 쌓아가는 것은 무엇인지 아이 스스로 알아가도록 질문해야 한다.

#이미 답을 알고 있는 아이들

세계적인 철학가 소크라테스는 "너 자신을 알라."라고 외쳤다. 소크라테스가 참된 지식을 얻기 위해 사용한 토론의 기술은 산파술이다. 산파술은 산모가 아이를 잘 낳을 수 있도록 산파가 옆에서 도와주는 기술을 말한다. 소크라테스는 자신의 주장을 일방적으로 전달하는 대신 상대방에게 단계적인 질문을 하여 그의 무지 혹은 이미 알고 있는 '앎'을 일깨워주었다. 자녀가 지혜를 깨우치도록 부모는 산파처럼 접근해야 한다. 소크라테스는 자신이 타인을 가르친다고 생각하지 않았다. 그는 모든 사람은 선천적으로 참된 진리와 지혜를 알고 있다고 믿었다. 그래서 이미 알고 있지만 잊어버린 지식을 떠올리게 도울 뿐이라고 생각했다. 부모의 역할은 참된 진리와 지혜를 소크라테스가 말한 산파처럼 다가가 아이 스스로 깨닫게 해야 한다.

형제, 자매는 다투면서 큰다. 부모는 자녀들이 다투지 않고 사이좋게 지내기를 바란다. 그러니 다툼이 생길 때마다 부모는 훈계하게 된다. 부모의 일방적인 중재로 집안은 조용해진다. 하지만 자녀들의 마음은 평화롭지 않다. 부모의 시선에서 자녀를 훈계하면 어느 누군가는 억울한 상황에 놓이게 된다. 억울한 감정을 풀지 못한 아이는 되려 분노가 쌓여 다음에 더 크게 다툰다. 아이들이 다투는 것은 자연스러운 일이다. 자기 정체성이 생기면서 서로의 의견을 조율하는 모습이라고 이해하자. 부모는 다투지 않고 서로 양보하기를 강요하는 일방적인 중재 이전에 자녀들의 이야기를 듣는 여유가 필요하다.

"오늘은 왜 싸웠는지 각자 이야기해볼래?"

"동생이 내가 TV 보고 있는데 말도 없이 채널을 돌렸어요."

"어제도 그제도 형이 보고 싶은 것만 보고, 제가 보고 싶은 건 안 틀어 줘요. 좀 전에도 다른 거 보고 싶다고 말했는데 못 들은 척했어요."

"보고 싶은 게 다른 거구나. 동생 이야기 들으니 어떤 생각이 들어?"

"어제랑 그제 제가 보고 싶은 거 본 거 맞아요. 근데 아까 다른 거 보고 싶다고 한 말은 진짜 못 들었어요. 미안해."

"너는 형 이야기 들으니 어떤 생각이 들었어?"

"난 형이 못 들은 척하는 줄 알았어요. 그래서 화가 많이 나서 그냥 다른 채널로 바꿔 버렸어요. 그건 나도 미안해."

"그럼 이제 어떻게 하면 좋겠니?"

"너 보고 싶은 채널 먼저 봐. 나는 어제도 봤으니까."

"그럼 내가 30분 볼게. 그 뒤에 형이 보고 싶은 거 봐."

아이들의 상황에는 부모가 보지 못하는 것들이 있다. 우리도 각자의 상황과 사정이 있듯이 아이들도 마찬가지다. 부모는 자녀 각각의 이야기를 들어주어야 한다. 왜 이런 상황이 되었는지 이유를 물어보고 억울한 마음을 풀어주어야 한다. 서로가 오해하지 않도록 각자의 입장과 형편을 듣고 이해할 수 있어야 한다.

마음의 응어리가 풀리면 아이는 상대방의 마음과 상황을 읽을 수 있는 여유가 생긴다. 그렇게 되면 이제 부모와 함께 형제, 자매와 함께 문제를 해결할 방안을 모색할 수 있다. 부모의 질문을 통해 아이는 스스로 무엇을 잘못했는지 찾아간다. 자신의 잘못을 인정하고, 상대방도 사정이 있다는 것을 알게 되면 부모의 중재 없이도 자기들끼리 문제를 해결한다. 형제, 자매의 다툼에만 국한되지 않는다.

학교 폭력을 목격한 민지가 있었다.

"선생님 우리 반에 학교 폭력이 있는 것 같아요."

"왜 그렇게 생각해?"

"어떤 친구 세 명이 한 명을 계속 놀리며 따라다녀요. 운동화를 뺏어서 그 친구가 울고 있는 것을 봤어요."

"그랬구나. 민지가 봤을 때 운동화를 뺏긴 친구는 어때 보였어?"

"슬퍼 보이고 힘이 없어 보였어요. 계속 고개를 숙이고요."

"민지는 학교 폭력을 어떻게 생각해?"

"친구를 힘들게 하는 거는 나쁜 것 같아요."

"그럼 그 친구를 위해 해줄 수 있는 일이 뭐가 있을까?"

"담임선생님께 이야기하고 싶어요."

"그런데 민지야, 운동화를 뺏긴 친구가 진정 원하는 게 뭘까? 민지가 바로 선생님께 이야기하는 것에 대해 친구는 어떻게 생각할까?"

"아…. 내일 그 친구랑 말해볼래요. 친구가 직접 선생님께 이야기하러 간다고 하면 제가 용기낼 수 있게 같이 가 줄래요."

"친구는 민지가 옆에 있어 힘이 많이 나겠다. 민지, 멋진 친구네."

아이들의 마음속에는 답이 있다. 이미 뭘 해야 하는지 알고 있다. 힘든 친구를 위해 지혜롭게 도움의 손길을 내미는 방법도 아이 내면에 있다. 다만 아는 것을 스스로 알고 있다고 인지하지 못할 뿐이다. 부모는 자녀에게 질문으로 자녀 내면에 감춰진 답을 스스로 깨달을 수 있도록 도와주어야 한다. 부모는 자녀의 영혼의 산파가 되어야 한다.

아이와
놀면서 대화하라

#논쟁은 즐거운 소통이다

하브루타 스피치는 토론과 논쟁을 다룬다. 대부분 토론이 어렵다고 생각한다. 타인과 논쟁해야 한다는 정서적 부담감, 많은 것을 알고 있어야 한다는 인지적 부담감, 혹은 토론에서 지게 되면 당하는 부끄러움 때문에 토론을 꺼린다. 토론은 이기고 지는 것이 아니다. 하브루타 스피치에서의 토론은 자신의 의견을 논리 있게 말하며 다른 의견을 가진 상대방과 대화하고 질문하면서 의견을 주고받는 활동이다. 토론은 일상적인 활동이다. 우리는 매일 토론하지만 '토론'하자고 하면 어려워 한다.

아이들의 놀이에도 토론이 녹아 있다. 아이들은 토론과 논쟁을 통해 친구와 어울려 논다. 소꿉놀이를 할 때 어른이 개입하지 않아도 아빠, 엄마, 아이 각자 역할을 서로 의논하여 정한다. 놀이의 규칙도 정한다. 규칙을 어긴 경우 상대방의 잘못을 찾을 수 있고 서로 날선 논쟁으로 규칙을 변경할 수도 있다. 어느 정도 시간이 지나면 역할을 바꾸어 논다. 아이들은 소꿉놀이를 진지하게 하지 않는다. 시끌벅적하게 깔깔거리며 웃으며 신나게 한다. 다툼이 생겨 울기도 하지만 언제 그랬냐는 듯 금세 잊고 다시 서로 즐겁게 논다. 하브루타 스피치의 원리도 이와 같다.

하브루타 스피치는 아이들과 즐겁게 놀이하고 대화하는 방법의 하나다. 거창한 무엇인가를 수행하는 것이 아니다. 아이들과 즐겁게 하는 놀이와 같다. 하브루타 스피치의 원리를 안다면 가정에서도 할 수 있다. 하브루타 스피치에서 가장 중요한 원칙은 아이가 주도하는 놀이가 되어야 한다는 점이다. 부모의 지시와 방침이 있는 놀이가 아니라 시작부터 끝까지 아이의 의견이 반영된 놀이여야 한다. 부모가 정한 방식으로 이뤄지는 놀이는 이미 아이들에게 놀이가 아니다. 어떤 놀이를 할지 먼저 자녀에게 물어야 한다. 아이가 하고 싶고 흥미를 느끼는 놀이가 정해졌다면 다음은 놀이 규칙을 정한다. 놀이의 규칙 역시 정답을 요구하지 않는다. 자녀와 상의하며 우리 집만의 놀이 규칙을 정한다. 규칙을 지키지 않을 경우 어떻게 할지 아이가 직접 생각하고 의견을 제시하도록 한다. 가족들과 의견을 조율하며 스스로 결정하는 방법을 배운 자녀는 친구들과의 관계에서도 주도적으로 행동한다.

아이는 놀이 규칙을 직접 정하였기에 놀이에 흠뻑 빠진다. 지금껏 행했던 부모와의 놀이는 지시와 방침에 따르는 수동적

윷놀이 하브루타

[기초편]

1. 윷놀이 방법을 설명한다.
2. 우리 가족만의 추가 규칙을 정한다. (예: 우기지 말 것, 거짓말하지 말 것, 패배는 깨끗하게 인정할 것 등)
3. 놀이판의 함정을 어디에 놓고, 어떻게 할지 결정한다.
4. 편을 가른다. 미리 편을 가르지 않는 것은 편견 없이 공동의 규칙을 정하기 위해서다.
5. 윷놀이를 한다. 말을 이동할 때 아이와 함께 어떻게 옮길지 상의한다(앞으로 갈 것인지, 말을 업을 것인지, 새로운 말을 놓을 것인지). 어떤 방법이 우리 팀에 유리한지 상의하고 왜 그렇게 생각하는지 질문한다.

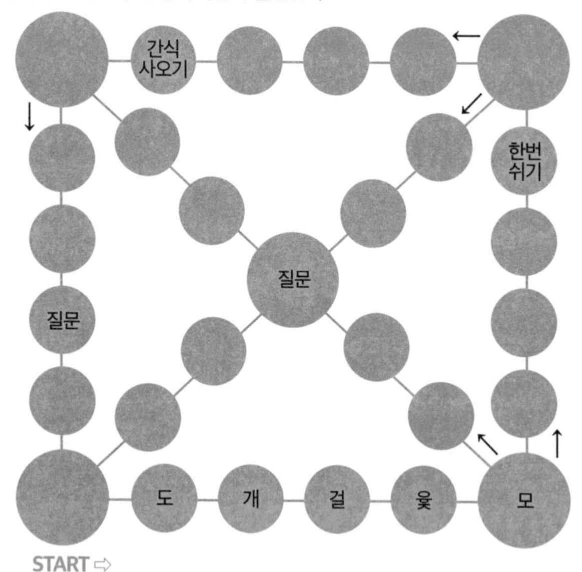

※자녀와 상의 후 기본 윷놀이 판을 충분히 바꿀 수 있다.

[심화편]

- 윷놀이를 시작하기에 앞서 질문카드를 작성한다.
- 가족이 함께 상의하여 서로에게 궁금했던 것, 듣고 싶은 이야기 등을 적는다. 현재 쟁점이 되는 문제에 대한 생각 질문도 가능하다.
- 질문카드 위치를 정하고 그 위치에 말이 놓이면 질문에 답한다.

활동이었다. 지시와 방침없이 스스로 주도권을 가지고 놀면 놀이가 학습이 아니라 진정한 놀이가 된다. 재미를 느낀 자녀는 부모에게 마음을 열고 더욱 적극적으로 참여하게 된다. 놀이를 통해 부모와 자녀는 양질의 소통을 하게 된다.

#즐거운 토론은 대등한 관계에서 나온다

사람의 관계는 수직적 관계와 수평적 관계로 나눌 수 있다. 수직적 관계는 '위-아래'의 개념으로 지시하고 따르는 관계이다. 수평적 관계는 '서로'의 관계이다. 윗사람과 아랫사람의 개념이 아닌 서로 마주 보는 대등한 관계다. 윗사람을 아래에서 올려다보는 것만으로도 권력이 작용한다. 권력에 눌린 아이는 하고 싶은 말을 편히 할 수 없다. 하지만 마주 보는 관계에서는 권위의 무게감이 없기에 하고 싶은 말을 편히 할 수 있다.

부모와 자녀의 관계 역시 새롭게 정립되어야 한다. 부모라는 권력을 내세워 윗사람으로서 위세를 부린다면 자녀는 소통이 아닌 복종에 갇히게 된다. 부모와 자녀의 관계는 부모가 자신을 어느 위치에 두느냐에 따라 달라진다. 부모가 노력한다면 충분히 마주 보며 대등하게 대화할 수 있는 관계가 된다. 대등한 관계가 질서를 무시하는 것은 아니다. 각자의 역할에 따른 책임을 알고 서로 존중하는 관계가 되는 것이다.

유대인 자녀는 부모와 자유롭게 토론한다. 토론할 때에는 어른과 아이라는 구분을 잊는다. 어른이라고 권력을 행사하지 않는다. 사람 대 사람으로 토론한다는 것은 각자의 생각을 존중한다는 의미이다. 권력을 행사하는 사람과는 토론을 할 수 없다. 권력이 말을 막는 걸림돌로 작용하기 때문이다. 부모는 소통의 걸림돌인 부모라는 권력을 제거해야 한다.

무엇보다 가르치려는 태도를 버려야 한다. 자녀는 부모가 선생님이길 원치 않는다. 또한 하브루타 스피치에서는 가르치는 자와 배우는 자를 구분하지도 않는다. 함께 소통함으로 서로가 서로를 가르치며 함께 배우는 것이다. 그래서 부모가 먼저 이를 받아들여야 한다. 모든 것을 아는 사람은 없다. 뛰어난 학자도 지식의 한계가 있다. 부모도 모든 것을 알 수 없으며 자신에게 한계가 있다는 것을 수용해야 한다. 소통하는 도중 모르는 부분이 나오면 솔직하게 이야기하고 자녀와 함께 배우는 자세를 가져야 한다. 모르는 것은 부끄러운 것이 아니다. 모르는 것을 아는 척하거나 덮으려는 것이 부끄러운 것이다. 잘 알지 못한다는 것은 공부할 거리가 있다는 것을 의미한다. 자녀의 질문을 주의깊게 듣고 함께 공부하며 정답을 찾아가도록 한다. 모르는 것을 인정하고 자녀와 함께 배우는 부모를 보고 자란 자녀는 모르는 것을 부끄러워하기보다 모르는 것을 배우려 한다.

앞서 설명하였듯이 대등한 관계라고 해서 무례함을 허용하는 것은 아니다. 누구나 자기 생각과 주장을 자유롭게 펼칠 수 있지만 서로에게 공손한 언행으로 말해야 한다. 간혹 상대방의 반론에 감정이 격해지는 경우가 있다. 소리를 지르거나, 비속어를 쓰기도 한다. 듣지 못한 척하거나 비꼬아 말하기도 한다. 무례하지 않고 공손해야 유익한 토론이 된다.

사람의 얼굴 생김이 다르듯 생각도 모두 다르다. 일란성 쌍둥이조차 생각이 다르다. 자기 생각과 다른 생각이 있을 수 있다는 것을 받아들여야 한다. 생각은 다른 것이지 틀린 것이 아님을 알아야 한다.

내 생각을 상대에게 잘 전달해야 상대를 설득할 수 있다. 상대를 설득해야 원하는 방향으로 이끌어 갈 수 있다. 격한 감정과 나쁜 말은 대화의 주도권을 상대에게 내어주는 것이다. 논리적으로 잘 설득하기 위해서는 감정 조절이 필수이다. 감정적인 말은 논리적으로 들리지 않는다. 상대에게 내 생각을 충분히 어필할 때에는 한 박자 쉬어가더라도 상대를 배려하는 단어를 사용하면서 논리를 펴야 한다. 하지만 감정을 조절한다는 것이 감정을 배제한다는 의미는 아니다. '나 대화법'처럼 문제로 인해 생긴 자신의 감정을 설명할 수 있어야 한다. 문제의 심각성을 공유하고 서로를 배려하기에 감정 표출은 연습이 필요하다. 어릴 때부터 생각의 다름을 알고 존중받고 자란 자녀에겐 토론과 논쟁은 어려운 일이 아니다.

훌륭한 스펙을 가진 한국 학생과 조금 부족한 스펙을 가진 유대인 학생이 하버드대학교 입학 시험을 보았다. 최종 면접에서 한국 학생은 불합격했고 유대인 학생은 합격했다. 한국 학생이 물었다. “면접이 어렵던데 넌 어떻게 합격했니?” 유대인 학생이 웃으며 말했다. “나는 아버지랑 토론하는 것보다 쉬웠어.” 유대인은 자녀를 마주 보고 대등한 관계로 존중하며 공손하게 말하는 토론의 시간을 가진다. 이 시간이 일상화된 자녀는 하버드대학교 면접 또한 일상에서 늘 하던 것처럼 여기며 행동했다. 부모와 함께 즐거운 토론이 일상이 된 자녀는 어느 자리에서도 자신의 의견을 충분히 말하고 자신이 원하는 바를 성취할 수 있다.

5장

생각을 구상하고 표현하라 ;
자녀 교육 편

그림으로 시작하자

#아무질문 대결로 상상력을 활짝

누구나 새로운 것에 대한 두려움이 있다. 그래서 시작은 쉽지 않다. 어떻게 발걸음을 떼야 할지 막막하고, 어디로 가야 할지 헤매기도 한다. 하브루타 스피치의 시작도 마찬가지다. 그림은 하브루타 스피치를 좀 더 쉽게 시작할 수 있는 도구이다. 그림은 글자가 없기에 제한이나 편견이 없다. 글자가 있는 도구로 시작하면 시험과 같이 답이 있을 것 같아 어렵게 느껴진다. 그림은 답을 찾아야 한다는 부담을 덜어주어 부모와 자녀 모두 쉽게 자기 생각을 말하게 한다.

자녀가 유아일 때에는 눈에 보이는 모든 것이 궁금했다. 하지만 학교에 다니면서 그 사회가 요구하는 틀에 맞춘 정답을 찾으려 한다. 정답을 찾는 것에 집중하면 시야가 좁아지고 상상력이 떨어진다. 그렇기에 그림을 활용한 하브루타 스피치를 통해 자신의 생각을 자유롭게 말하는 연습이 필요하다.

그림은 상상력을 키우는 좋은 도구이다. 그림 한 장에 작가의 마음과 상황, 그림을 그리게 된 배경, 작가의 의도 등이 담겨 있다. 눈에 보이지 않지만 숨겨진 이야기를 자녀와 상상하며 이야기할 수 있다. 이를 통해 아이는 예술을 보는 시야가 넓어지고 그림에 숨겨진 이야기를 배우게 된다. 그림의 시대적 배경과 문화, 사상, 가치관 등을 습득하고 자연스럽게 역사, 세계사, 철학 등을 접하게 된다.

김홍도의 그림 〈서당〉을 보자. 그림을 보며 떠오른 질문을 자녀와 주고받으면 된다.

- 학생이 왜 아홉 명인가?
- 한 아이는 왜 울고 있을까?
- 다른 친구들을 왜 웃고 있을까?
- 훈장님의 책상에는 책이 왜 없을까?
- 훈장님은 무슨 생각을 하고 있을까?
- 한 아이는 갓을 왜 쓰고 있을까?
- 다음에는 어떤 일이 생길까?
- 우는 아이는 왜 훈장님을 등지고 있는 것일까?
- 여학생은 왜 없는 걸까?
- 남자아이들의 머리가 왜 길까?
- 무엇을 공부하는 중일까?

'아무질문' 대결이다. 그림을 보며 떠오른 궁금증은 자유롭게 물으면 된다. 엉뚱한 질문도 상관없다. 올바른 질문이 따로 있지 않다. 그림을 보면서 궁금한 것들을 서로 많이 질문하는 것이다. 하지만 '아무질문'을 서로 주고받으면 무한한 상상력을 동원할 수 있다. 그림을 충분히 느끼면서 생각을 공유할 수 있다. 그림에 감정을 투영해봄으로 자녀의 심리를 알 수 있고 평소 표현하지 못했던 마음을 나눌 수도 있다.

마지막으로 질문을 주고받으면서 들었던 생각을 정리하여 그림 제목을 함께 정한다. 지금까지 나눈 이야기와 생각을 되짚어 보는 시간이 될 것이다. 그림 하브루타 스피치는 어렵지 않다. 글자를 모르는 아이부터 어른까지 함께할 수 있는 훌륭한 도구이다. 열린 마음으로 상상력을 동원하면 된다. 질문이 엉뚱하고 잘못되었다고 꾸짖지 말고 함께 상상의 회로를 돌리면 지적호기심이 놀랍게 성장할 것이다.

#그림책으로 하는 하브루타

그림책으로도 하브루타 스피치를 할 수 있다. 그림책은 짧은 글과 그림에 저자의 생각이 함축적으로 담겨있다. 내용이 적기 때문에 부담 없이 시작하고, 깊이 있는 내용을 쉽게 배울 수 있다.

하브루타 스피치에서 좋은 도구는 가정에서 흔히 접하는 것들이다. 자녀가 좋아하고 읽고 싶어 하는 그림책이 있다면 그 책으로 하브루타 스피치를 시작하면 된다. 부모가 선택한 책이 아니라 아이 스스로 선택하고 좋아하는 책으로 시작하면, 더 재미있게 집중하여 하브루타를 할 수 있다.

그림책 샤를 페로의 《신데렐라》를 읽으며 다음과 같이 하브루타 스피치를 할 수 있다.

1. 그림책의 표지를 탐색한다.
- 이 책은 어떤 책일 것 같니?
- 남자와 여자의 기분은 어때 보이니?
- 생쥐는 왜 바늘을 들고 있을까?
- 제목에 왜 신발이 그려져 있을까?
- '신데렐라'는 어떤 의미일까?

2. 자녀와 함께 또박또박 바른 소리로 그림책을 읽는다.
- 다양한 방법으로 읽는다. 혼자 읽기, 함께 읽기, 역할 정해서 읽기 등

3. 책의 내용을 탐색한다.
한 번에 읽어야 할 내용이 많다면 분량을 정하여 읽고 질문을 나누도록 한다. 정해진 분량을 읽고 다음은 어떻게 진행될지 이야기를 나누며 다음 부분을 함께 읽는다.
- 왜 아빠는 재혼을 했을까?
- 엄마와 두 언니는 신데렐라를 왜 괴롭히는 것일까?
- 신데렐라는 왜 허드렛일을 아무 말 없이 해냈을까?
- 왕은 왜 파티를 열었을까?
- 계모와 언니는 왜 신데렐라를 파티에 가지 못하게 했을까?
- 마법이 12시에 풀리는 이유는 무엇일까?
- 12시가 되어 마법이 풀렸는데 왜 유리구두는 마법이 풀리지 않았을까?
- 왕자는 왜 잠깐 본 신데렐라를 찾아 나섰을까?
- 두 언니는 자신의 구두가 아닌데도 왜 구두를 신어본 걸까?
- 신데렐라가 왕자와 결혼했을 때 계모와 언니들 기분은 어땠을까?

4. 주인공이 되어보자.
역할 인물에 감정을 이입하여 타인을 이해하는 사회성을 함양할 수 있다.
- 내가 신데렐라라면?
  아빠가 재혼한다고 하셨을 때 기분이 어땠을까?
  계모와 언니의 구박을 받을 때 어땠을까?
  집안에 허드렛일을 아무 말 없이 잘 해낼 수 있었을까?
  어렵고 힘든 상황을 잘 참아 낼 수 있었을까?
  파티장에서 12시 종이 울렸을 때 어떻게 했을까?
  계단에서 구두가 벗겨졌을 때 어떻게 했을까?
  왕자와 결혼 후 계모와 언니들을 어떻게 대했을까?

5. 적용할 거리를 찾아 실천 방안을 적용해본다.
- 네 주변에 계모와 언니처럼 너를 힘들게 하는게 있니?
- 동물 친구들 같이 너를 도와주는 친구들은 누가 있을까?
- 신데렐라가 힘든 상황을 잘 버텼는데 너는 힘든 상황을 어떻게 이겨 낼 수 있겠니?
- 계모와 언니처럼 너를 힘들게 하는 사람이 있다면 너는 어떻게 할 생각이니?
- 너는 너를 힘들게 한 사람을 용서할 수 있을까? 용서한다면 어떻게 용서를 할 수 있을까?
- 너에게 마법사가 나타난다면 어떤 소원을 말할래?

그림책은 일상에서 일어나는 일을 자녀의 시선에서 바라보게 한다. 아이는 그림책을 통해 자신의 행동과 주변을 돌아볼 수 있다. 그림책은 단순하기에 더욱 깊은 이야기가 담겨있다. 아이들은 그림책으로 질문하고 대화하며 삶의 가치를 알아간다. 그리고 그림책은 현실과 상상을 넘나들면서 다양한 질문을 만들고 답하게 한다. 자녀와 함께 서로 질문하면서 그림책 속에 숨겨진 의미를 찾을 수 있을 것이다.

책에서
지혜를 배운다

살을 빼기 위해서는 유산소 운동을 해야 한다. 그런데 건강하기 위해서는 무엇보다 근육을 키워야 한다. 이를 위해 근력 운동이 필수다. 근력 운동은 더 많은 열량을 소모한다. 당장 변화가 나타나지는 않지만 신체 에너지를 키우고 건강을 유지하게 해준다. 근력 운동은 유산소 운동으로 빠지지 않는 군살을 빼주고 몸의 라인을 살린다. 입시 위주의 공부, 성적을 올리는 학습은 유산소 운동과 같다. 당장 성적을 높일 수 있지만 머리에 오래 남지 않는다. 시험 전날 공부하는 것과 비슷하다. 책을 읽는 것은 근력 운동이다. 꾸준한 독서는 당장 성적을 올릴 수 없지만 생각의 깊이를 더하고 지혜의 라인을 잡아준다.

우리 민족은 오랫동안 지혜를 중요하게 생각했다. 지혜를 중요한 가치로 생각했기에 자녀 이름을 '지혜'라고 짓기도 했다. 주변에 '지혜'라는 이름의 지인이 한두 명은 있을 것이다. 평생을 함께하고 나를 알려주는 고유명사인 이름에 '지혜'를 명명할 정도로 우리는 지혜를 얻고자 애썼다. 지혜를 얻는 가장 좋은 방법은 독서이다. 책은 흔히 '지혜의 바다'라고 한다. 하지만 문제는 지혜를 배우고는 싶으나 독서의 바다에는 빠지려 하지 않는다.

자녀에게 독서를 강요하기 전에 나는 얼마나 책을 읽고 있는지 생각해보자. 2020년 문화체육관광부 조사에서 한국 성인들의 절반가량이 최근 1년간 종이책을 한 권도 읽지 않은 것으로 밝혀졌다. 전자책을 포함해 평균 독서량이 2년 전에 비해 크게 줄어들어 6권 정도이다. 독서를 못 하는 이유로는 '책 이외의 다른 콘텐츠 이용'이 29.1%로 가장 높았다. 시간을 내고 꾸준하게 책을 읽기보다 영상, 게임 등에 더 시간을 보내는 것으로 나타났다. 부모가 책을 읽지 않는데 자녀에게 책을 읽으라고 강요할 수 없다. 물론 독서의 양이 중요한 것은 아니다. 다만 책을 접할수록 익숙해지고 재미를 알아간다. 재미가 생기면 읽으라고 하지 않아도 책을 찾아 읽게 된다.

가수 이적의 어머니는 과외 한번 시키지 않고 세 아들을 서울대에 보냈다. 이적은 한 인터뷰에서 어머니와의 일화를 소개했다. "저는 어릴 때 엄마와 놀기 위해 책을 읽었어요. 엄마는 항상 거실에서 책을 읽고 있었기 때문에 엄마 옆에서 같이 책을 읽으며 엄마와 놀았어요." 이적의 어머니는 자녀에게 책을 읽으라고 강요하지 않았다. 그저 자신이 책을 읽었을 뿐이다. 아이는 그저 엄마 옆에 있고 싶어 책을 읽었다. 시간이 지나고 책 읽는 근육이 늘어나면서 아이 스스로 책의 재미를 알게 된 것이다. 책 읽기도 근육이 있어야 한다. 처음에는 윗몸일으키기 하나 하기도 힘들지만 계속하다 보면 10개, 20개, 50개 거뜬히 해낼 수 있다.

나도 사실 책을 좋아하지 않았다. 대학생이었을 때에도 과제 제출을 위해 필요한 때만 책을 읽었다. 사회생활을 시작하면서 달라졌다. 공부하던 시절이 그리워 책을 들게 되었다. 초반엔 책 한 권을 읽는데 석 달이 걸렸다. 그렇게 한 권, 한 권 읽다 보니 책 읽는 속도가 빨라지고 무엇보다 재미가 있었다. 책 읽기 근육은 누구나 만들 수 있다. 일단 책을 꺼내 펼쳐보자.

책 읽기 근육이 성장하면 지혜를 품을 준비가 된 것이다. 지혜를 배우는 가장 좋은 방법은 경험이다. 바다의 짠맛을 아는 가장 효과적인 방법은 직접 바다에 가서 먹어보면 된다. 하지만 모든 지혜를 이처럼 직접 겪어봄으로 얻을 수는 없다. 팔팔 끓는 물에 손을 넣어 보고 '아, 이게 뜨거운 것이구나!' 할 수는 없다. 소크라테스의 산파술을 배우고 싶다고 그 시대로 시간 이동을 할 수도 없다.

직접 경험해 볼 수 없는 영역의 지혜를 담은 것이 책이다. 책이라는 종이 안에 지혜의 바다가 존재한다. 심해는 어둡다. 바다 깊숙한 곳을 들어가 보면 파란빛이 아닌 어둠이 우리를 맞이한다. 어두컴컴한 공포를 이기고 옆을 둘러보면 이름 모를 수많은 생명체가 나를 반긴다. 지혜의 바다인 책도 책장을 넘기는 수고를 이겨내면 수많은 지혜를 만나게 된다. 그리고 지혜를 통해 더 즐거움에 빠지게 될 것이다.

시작이 반이다. 이를 달리 표현하면 시작만 해도 반은 성공했다는 것이다. 책꽂이에서 책을 꺼내는 것이 제일 어렵다. 하지만 책을 꺼내 표지를 넘기고 나면 책은 읽힌다. 부모가 자녀보다 책 읽기 근육을 만드는 것이 더 어렵다. 경직화되고 틀에 박힌 사고가 자리 잡고 있기 때문이다. 하지만 노력해보자. 충분히 책 읽기 근육을 만들 수 있다. '나이가 많아서', '뇌가 굳어서'라고 핑계 대지 마라. 뇌는 가소성의 특징이 있다. 기억, 학습에 있어서 비교적 짧은 기간 사이에 가해진 자극으로 뇌에 변화가 일어난다. 그리고 자극이 제거된 후에도 그 변화가 지속하는 것으로 인식한다. 일단 책장으로 가서 마음에 드는 책을 꺼내자.

책 읽는 부모의 모습은 자녀에게 자극제가 된다. 말하지 않아도 책을 읽고 싶게 만든다. 처음엔 자녀와 시간을 보내기 위한 강력한 이유로 책읽기를 시작해보자. 시간이 지나면 그 이유는 어느 순간 희미해진다. 대신 점차 책을 읽는 근육이 생기고 훌륭하고 아름다운 지혜의 라인이 잡힐 것이다.

#다독, 완독보다 정독

고등부 남학생들과 토론논술 수업을 했다. 책보다는 컴퓨터 게임을 더 좋아하는 학생들과 독서를 하고 토론논술 수업을 하기는 만만치 않다. 수업 일정을 공유하며 함께 토론할 책을 사전에 읽도록 지도했다. 학생들은 머리를 쥐어뜯으며 책 읽기가 싫다고 온몸으로 표현한다. 시간이 지나고 이상 작가의 〈날개〉를 함께 읽고 토론했다.

"선생님, 저는 이 책이 무슨 말을 하는지 하나도 모르겠어요."

"다 읽었니?"

"네, 저 진짜 다 읽었거든요. 그런데 무슨 내용인지 하나도 모르겠어요. 이 책이 왜 교과서에 실리는 거예요?"

"내용을 느끼지 못했구나?"

"내용을 느껴요?"

"문학은 눈으로 머리로 읽는 것보다 마음으로 읽는 것이 더 잘 읽힐 때가 있지."

"아! 선생님도 무슨 말 하는지 모르겠어요. 다 외계어 하는 것 같아요."

수업 진행을 잠시 멈추고 함께 책 읽기를 시작했다. 학생들이 돌아가며 책을 소리 내어 읽었다. 한 단락의 이야기가 끝나면 책을 덮었다. 마음으로 책 들여다 보기를 했다. 마음으로 책을 읽다 보니 90분의 수업 시간 동안 책의 30%만 읽을 수 있었다.

“선생님, 이 책 어제 제가 읽은 책이 아닌데요. 완전 다른 책이에요. 어제 읽은 〈날개〉는 무슨 말인지 하나도 모르겠고, 지루하고, 재미도 없었는데…. 지금은 너무 재미있고 다음 내용이 너무 궁금해요. 빨리 집에 가서 마저 읽어 봐야겠어요. 선생님이 말씀하신 책을 느끼는 것이 이런 건가 봐요. 너무 재미있어요.”

수업을 마치자 속사포처럼 말하더니 책을 고이 안고 집으로 갔다. 집에 도착하자마자 식사도 하지 않고 모두 읽었다는 이야기를 전해주었다.

다독, 완독 모두 중요하다. 하지만 책을 읽을 때 가장 중요한 것은 책을 제대로 읽는 것이다. 자녀가 책을 읽는 모습만으로도 부모는 흐뭇하다. 자녀가 책을 어떻게 읽고 있는지에 대해서는 관심을 가지지 않는다. 책을 많이 읽어도 책 속의 지혜가 나의 것이 되지 않으면 소용이 없다.

나는 처음 책을 읽을 때 책을 깨끗하게 읽으려고 노력했다. 낙서하지 않고 구겨지지 않도록 조심조심 책을 다루었다. 책을 읽다 떠오른 생각이 있어도 책에 메모하지 않았다. 밑줄도 긋지 않았다. 여러 권의 책을 읽었지만 머릿속에 남지 않았다. 방법을 바꾸었다. 인상적인 문구나 내용에 줄을 긋고 필사도 하면서 내용을 정리했다. 정리한 내용을 내 생각과 의견을 빗대어 보고 적용할 것은 무엇인지 고민했다. 그리고 실천할 수 있는 행동을 찾아 적었다. 다음은 내가 책을 읽고 정리한 기록이다.

도서명	쫄지마 책 쓰기	작가	박비주, 임시완
		출판사	더로드
독서 기간	2020.01.28.~31.	도서 분야	자기계발
책의 내용 정리	책 쓰기에 대한 두려움을 가진 평범한 사람들에게 평범함이 곧 특별한 것이고, 가장 큰 무기임을 알려준다. 그리고 그 평범함으로 작가가 된 저자의 이야기로 공감대를 형성한다. 책 쓰기를 막막해하는 이들에게 글을 쓸 수 있도록 여러 대안을 제시한다.		
인상 깊은 구절	- 평범한 사람이 스페셜해지는 방법은 그저 책을 쓰고 싶다는 생각을 행동력으로 실천했기 때문이다(p.62). - 생각을 바꾸면 행동이 바뀌고, 행동을 바꾸면 습관이 바뀌고, 습관을 바꾸면 인격이 바뀌고, 인격이 바뀌면 운명이 바뀐다(p.75). - 신은 그들에게 원하는 답을 그저 알려주는 것이 아니라 경험과 시험을 통해 스스로 알게 한다. 누군가 진정으로 무엇을 원한다면 그것을 얻을 기회가 주어진다(p.137).		
내가 실천할 수 있는 것	나는 어떻게 해야 책을 낼 수 있는지 고민해 보았다. 하지만 내 삶을 그리고 내 주변을 제대로 관찰한 적이 없었다. 그저 남들처럼 비슷하게 살고 있다고만 생각했다. 그런데 그 비슷한 삶이 스페셜한 이야기가 될 수 있다고 하니 나와 내 주변을 관찰해 보아야겠다. 글을 쓰겠다는 나의 다짐을 오래 끌고 갈 수 있는 습관을 생각해 보았다. 22개월, 9개월 두 아이를 키우며 글쓰기는 쉽지 않다. 내가 보고 느낀 것을 짧게나마 메모를 해야겠다. 육아에 지친 날에는 그냥 넘어갈 것 같다. 그래도 핸드폰 메모장에 가볍게 기록하는 짧은 일기형식은 부담 없이 매일 할 수 있을 것 같다. 그렇게 나의 글 실력을 늘려가면 나도 나만의 스페셜이 생기지 않을까?		
한 줄 평	평범한 나를 스페셜하게 만들어 주는 책쓰기 입문서	평점	4.5

유아나 초등학교 저학년은 그림으로 읽은 책을 정리할 수 있

다. 자녀와 함께 책을 읽고 인상 깊은 구절을 그림으로 표현하면 된다. 부모는 그림 아래 인상 깊은 구절을 적어 주고 왜 인상 깊었는지 이야기를 들어본다. 책을 읽고 실천할 수 있는 것을 함께 생각하고 토론하면 비록 글로 정리하지 않더라도 책의 내용과 인상을 오래 기억할 수 있다.

〈그림책으로 책 정리하기〉

인상 깊었던 내용을 그림으로 그려보세요.

▶인상 깊었던 이유가 무엇인가요?

나는 항상 주사가 무서웠는데 주사랑 싸울 수 있다는 것이 인상 깊었어요.

▶이 내용을 나에게 적용하려면 어떻게 해야 할까요?

저도 이 아이처럼 주사랑 싸워 이기는 마음으로 용감하게 주사를 맞을 거예요.

tips

"이건 이렇게 그려야지.", "이게 무슨 그림이니?" 말하며 그림을 판단한다면 아이는 제대로 자기 생각을 표현하지 못한다.

점차 시간이 지나면서 아이는 자기 생각을 그림에서 글로 생생하게 표현할 수 있게 된다.

다독은 다양한 생각을 접한다는 장점이 있다. 완독은 책을 끝까지 읽었다는 성취감을 준다. 다독과 완독의 기본은 정독이다. 한 권을 읽더라도 마음으로 느끼고 내 생각에 귀 기울이는 것이 중요하다. 생각의 변화에 주목하고 실천할 수 있는 것을 찾아내는 정독을 할 때 완독할 수 있고 점차 다독으로 갈 수 있다. 이 과정을 통해 아이는 스스로 책 속의 지혜를 온전히 자신의 것으로 만든다. 읽은 책은 훗날 지혜의 샘물이 되어 필요한 이웃에게 나눌 수 있다.

책에서
융합의 능력을 배운다

#자료 검색은 책으로

내가 초등학생일 때는 가정환경 조사가 있었다. 질문지에 컴퓨터의 유무를 조사하는 항목도 있었다. 지금 학생들에게는 생소한 일일 것이다. 초등학교 5학년이 되었을 때 부모님께서 펜티엄 컴퓨터를 사주셨다. 이 소식을 들은 친구들이 컴퓨터를 구경하러 우리 집에 올 정도였다. 가정에서의 컴퓨터 사용이 일반화되지 않던 시절로 천리안, 나우누리 등 PC 통신의 기다림의 미학이 있던 시기였다. 지금은 내 손안에 컴퓨터를 쥐고 다니는 시대이다. 로딩이 조금만 늦어져도 새로고침을 누르는 스피드 검색의 시대이다.

검색 속도는 빨라지고 정확도는 높아졌다. 검색창에 오타를 입력해도 정확한 검색어로 자동 변환되어 정보를 검색하도록 돕는다. 오타를 분석해 내가 찾고자 하는 정보를 자동 축출한다. 인터넷 속 세상은 우리가 알고자 하는 정보 대다수를 가지고 있다. 단어를 입력하면 검색어와 연관되는 정보까지 찾을 수 있다. 4차 산업혁명 시대의 '초지능·초연결'은 디지털 기술의 발달로 엄청난 정보가 우리와 연결되어 있음을 뜻한다. 4차 산업혁명 시대에는 '어떻게 검색을 잘 할 수 있을까?'를 가르치는 것이 유익할 수 있다. 더는 사실확인 수준으로 공부를 하고 시험을 보는 것이 무의미하다. 수많은 정보가 공유되고 연결되는 디지털 환경을 잘 활용하는 능력이 중요하다.

하지만 빠르고 정확하며 편리하기까지 한 검색 시스템은 책 읽기를 방해한다. 분명 디지털 환경을 잘 이용해야 한다. 하지만 적절한 시기가 있다. 4차 산업혁명의 다른 키워드인 '초융합'을 위해서도 무엇보다 독서 훈련이 필요하다.

디지털 환경은 정보를 손쉽게 획득할 수 있게 도와주었다. 하지만 개개인의 능력을 퇴보시키기도 했다. 놀라운 기술력으로 얻게 된 많은 정보를 수박 겉핥기식으로 획득하게 된 것이다. 책을 통한 정보 획득은 디지털 환경에서 얻은 것과 다르다. 오감을 통해 획득된 정보가 저장되기 위해서는 자신만의 저장법이 있다. 자신의 상황에 어울리는 그림을 그리고, 자신의 환경 속에서 이 지식을 어떻게 적용할 수 있을지 사고하게 된다. 자신만의 이해력과 독해력이 생기는 것이다. 인터넷 검색을 통한 지식은 생각 회로를 거치지 않고 일방적으로 제공되고 저장되기에 쉽게 잊어버릴 수 있다.

APPLE 뜻을 알기 위해 종이책 사전에서 찾거나 인터넷 검색을 할 수 있다. 먼저 종이책 사전을 통해 뜻을 찾으려면 A를 찾고, 그 다음은 A의 단락 속에서 P를 찾아야 한다. A, P, P, L, E 한 글자, 한 글자 반복적으로 읊조리면서 찾는다. 이 과정에서 단어 APPLE를 외우게 된다. 전자사전의 경우는 다르다. 손쉽게 알파벳을 입력하여 '사과'라는 뜻을 알게 된다. 종이책 사전으로 찾으면, APPLE이 사과라는 것을 기억하지만 전자사전으로 찾으면 금세 기억에서 사라진다.

자료를 찾을 때 그것이 내 지식이 되도록 책을 잘 활용해야 한다. 책을 활용한 자료 검색은 아이의 단순 호기심을 지적 호기심으로 성숙하게 한다. 또한 획득한 정보를 융합하기 위해서는 그 안에 감춰진 과정을 알아야 한다. 융합이라고 하여 전혀 맥락 없는 것이 연결된 것이 아니다. 과정을 알아야 창의적인 융합이 이루어진다. 전혀 다른 차원의 문화, 사회, 경제, 종교, 예술 등의 이야기와 물질도 과정의 이야기를 알면 연결하여 새로운 차원으로 제시할 수 있다.

자녀가 궁금해 하는 것이 있다면 함께 자료를 찾아보자. "엄마 에너지가 뭐예요?"라는 질문에 인터넷 검색을 통해 사전적 의미를 파악하자. 에너지는 물체 및 사람이 얼마나 많은 일을 할 수 있는지를 정량으로 나타내는 것이다. 에너지라는 단어는 수량을 측정해서 나타내기도 하지만 추상적으로 사용하는 경우가 더 많다. 이를 자녀와 함께 검색했다면 “에너지가 추상적으로 쓰인다는 것은 무슨 의미일까?”라고 물어보자. 그리고 아이와 함께 도서관에 가서 책을 찾아 알아보자. 열에너지, 빛에너지, 전기에너지 등이 어떻게 생성되고 어떻게 쓰이는지 파악할 수 있다. “에너지가 이렇게 열, 빛, 전기 등 물리적인 현상에만 있는 것일까? 우리가 힘들면 에너지가 필요하다고 말하잖아. 또 좋은 친구를 만나면 좋은 에너지를 받았다고 하는데 이 에너지는 뭘 말하는 걸까? 전기에너지와는 같은 걸까?” 등의 질문으로 지적 호기심으로 연결시켜 주는 것이다. 질문으로 자녀의 호기심을 자극해 아이가 스스로 책에서 그 답을 찾도록 한다.

디지털 검색을 완전히 배제하자는 것이 아니다. 간단한 정보 검색은 인터넷을 이용하는 것이 효율적이다. 다만 이를 맹신하고 자료 찾기의 수고를 하지 않는다면 1차원적인 정보 획득에 머문다. 책을 통해 자료를 찾는 수고와 과정을 통해 보다 깊고 넓은 정보를 가질 수 있다. 찾고 읽어야 정말 내가 원하는 정보인지 적합한 정보인지 분별할 수 있다. 그래야만 초융합의 능력까지 나아간다.

#독서 편식 없애기

24개월 된 딸은 양파를 싫어한다. 처음 먹었던 양파가 너무 매웠던지 음식에서 양파만 보면 골라내고 밥을 먹는다. 몸에 좋은 양파를 먹이기 위해 최대한 양파를 다지고, 매운맛이 나지 않도록 푹 익혀 음식을 한다. 대부분 부모는 자녀가 음식을 골고루 먹기를 바랄 것이다. 싫어하는 식재료가 있다면 어떻게든 먹이려고 여러 방법을 사용할 것이다.

책도 음식과 같다. 책도 골고루 읽어야 아이의 뇌가 다양한 영역에서 성장할 수 있다. 음식을 편식하면 영양소의 불균형을 초래하여 제대로 성장하기 힘들다. 요리 방법을 바꾸기도 하고 영양제를 섭취하여 불균형을 바로 잡으려고 할 것이다. 책을 편식하면 지혜의 불균형을 초래한다. 판타지 소설만 읽는 아이는 현실 세계에 적응하기 어렵고, 지식정보서만 읽는 아이는 감성적인 공감이 어렵다. 이성과 감성의 균형을 위해서 부모는 자녀의 책 편식을 바로 잡아주어야 한다.

책을 골고루 읽기 위해서는 우선 자녀의 관심사를 파악해야 한다. '지피지기면 백전백승'이라는 말처럼 자녀의 관심사를 알아야 다른 관심사로 이끌 수 있다. 처음엔 관심 있는 분야의 책을 충분히 읽어 책 읽기 근육을 만든다. 근육이 어느 정도 생겨 다른 관심사의 책을 느긋하게 앉아 읽을 수 있을 때 호기심을 건드려 주자. 판타지 소설을 좋아하는 자녀에게 "판타지가 꼭 허구일까? 저 먼 우주 속엔 우리가 모르는 판타지가 있지 않을까?" 등 관심사와 유사한 호기심을 자극하는 질문을 할 수 있다. 시공간 판타지 소설이라면 우주와 관련된 책을 접해보는 것도 좋다. 자녀가 우주에 흥미를 느낀다면 “달에 가려는 생각은 어떻게 하게 된 것일까? 달에 가기 위해 어떤 노력을 했을까?” 등 우주인에 관한 전기문이나 정보형 책을 접하도록 한다.

자칫 관심 없어 하는 책을 강요하는 것은 아이의 책 읽기 근육에 설탕을 주입하는 것처럼 독이 될 수 있다. 마음의 준비가 되지 않은 상태에서 골고루 책 읽기를 강요하면, 책 자체를 거부할 수 있다. 다양한 책을 읽는 것은 자녀의 관심사를 끊어내고 다른 관심사로 옮기는 것이 아니다. 자녀가 흥미 있어 하는 관심의 폭을 넓혀 주는 것이다. 판타지 소설에서 자기계발서로 바꾸라는 것이 아니라 판타지 소설도 읽고 자기계발서도 읽게 도와주어야 한다. 우물 안 개구리가 되지 않도록 도와주어야 한다. 넓은 바다가 있다는 것을 알려주고 넓은 바다를 만날 수 있도록 길잡이가 되는 것이다. 넓은 바다로 가면 내 자녀가 잡을 수 있는 물고기도 다양해진다.

책을 실감나게 읽는 보이스 연출

#또박또박 정확하게

키즈 스피치 수업에서는 발음, 발성, 언어습관을 배운다. 학생들의 좋지 않은 습관을 발견하고 놀이로 즐겁게 개선하는 것이 목표이다. '의욕이 앞선' 것은 바람직하지 않다. 잘하고 싶은 마음에 큰 목소리로 후다닥 발표를 끝내고 뿌듯한 표정으로 피드백을 기다리던 학생이 있었다. 발표가 끝나고 반 친구들에게 "OO 친구가 무슨 이야기를 했는지 말해볼까요?"라고 질문했다. 아이들은 무슨 말인지 모르겠다고 대답했다. 발표한 학생의 눈이 동그랗게 커졌다. 자신의 문제가 무엇인지 몰랐기 때문이다. 녹음한 내용을 들려주니 그제야 고개를 끄덕였다.

큰 목소리로 빨리 말하는 것이 발표를 잘하는 것으로 생각하는 아이들이 있다. 말을 잘하려면 빨리 말하는 것이 아니라 또박또박 정확하게 말해야 한다. 제대로 된 발음으로 말해야 한다. 쿠키를 구울 때 반죽 틀에 따라 쿠키 모양이 달라진다. 발음을 잘하려면 입과 얼굴 근육을 움직여 정확한 모양을 만들어야 한다.

첫째, 얼굴 근육을 풀어주자.

- '아, 에, 이, 오, 우' 모음 모양으로 입을 최대한 크게 벌리자.
- 입술을 모으고 볼에 풍선처럼 바람을 가득 넣어 부풀리자.
- 볼에 있는 바람을 '푸르르르' 떨면서 내보내자.
- 혀를 입 밖으로 길게 내었다, 넣었다를 반복한다.

둘째, 한 글자, 한 글자 정성껏 읽어보자.

가 나 다 라 마 바 사 아 자 차 카 타 파 하
갸 냐 댜 랴 먀 뱌 샤 야 쟈 챠 캬 탸 퍄 햐
거 너 더 러 머 버 서 어 저 처 커 터 퍼 허
겨 녀 뎌 려 며 벼 셔 여 져 쳐 켜 텨 펴 혀
고 노 도 로 모 보 소 오 조 초 코 토 포 호
교 뇨 됴 료 묘 뵤 쇼 요 죠 쵸 쿄 툐 표 효
구 누 두 루 무 부 수 우 주 추 쿠 투 푸 후
규 뉴 듀 류 뮤 뷰 슈 유 쥬 츄 큐 튜 퓨 휴
그 느 드 르 므 브 스 으 즈 츠 크 트 프 흐
기 니 디 리 미 비 시 이 지 치 키 티 피 히

셋째, 발음이 어려운 문장을 자주 연습하자.

- 뜰에 콩깍지 깐 콩깍지인가, 안 깐 콩깍지인가.
- 백양 양화점 옆에 백영 양화점, 백영 양화점 옆에 백양 양화점
- 앞집 팥죽은 붉은 팥 풋 팥죽이고, 뒷집 콩죽은 해콩 단 콩 콩죽, 우리 집 깨죽은 검은깨 깨죽인데 사람들은 해콩 단 콩 콩죽 깨죽 죽 먹기를 싫어하더라.
- 간장 공장 공장장은 강 공장장이고, 된장 공장 공장장은 공 공장장이다.
- 내가 그린 기린 그림은 긴 기린 그림이고, 네가 그린 기린 그림은 안 긴 기린 그림이다.
- 중앙청 창살 쌍 창살, 경찰청 창살 외 창살
- 장충단 공원 앞에 중앙당 약방, 중앙당 약방 옆에 장충 당구장, 장충 당구장 위에 장충당 족발집

넷째, 이중모음(ㅑ, ㅕ, ㅒ, ㅖ, ㅛ, ㅠ, ㅢ, ㅘ, ㅝ, ㅙ, ㅞ) 발음의 정확도를 높이자. 이중모음은 발음할 때 시작과 끝나는 입 모양이 달라진다. 이중모음은 입술을 부지런히 움직여야 정확하게 발음할 수 있다. 이중모음만 정확히 발음해도 발음이 훨씬 또렷해진다.

- 대한 관광공사 곽진관 관광과장
- 남문 밖 곽씨 과수원 딸 곽 말괄량이는 동문 밖 박 주사댁 박 총각을 좋아한다.
- 양양군 양양면 양양리 양영 양화점 주인은 양영옥이고, 양양군 양양면 양양리 양영 양화점 주인은 양영훈군이다.

발음은 스피치의 기본요소이다. 발음이 정확하면 의사 전달력이 높아진다. 책을 읽을 때 빨리 읽어야 한다는 부담을 버리자. 한 글자, 한 글자 콕콕 집어가며 정확하게 말하자. 단어 발음이 정확해지면 긴 문장을 단숨에 읽어도 무슨 뜻인지 안다. 집을 지을 때도 주춧돌이 잘 받쳐주어야 기둥이 무너지지 않고 우뚝 설 수 있다. 발음은 말하기의 주춧돌과 같다. 발음이 기초가 되어야 어떠한 말하기도 잘 할 수 있다.

#말하기에 맛내기

로봇 연기로 새로운 연기 영역을 만든 연예인이 있다. 바로 가수 장수원이다. 드라마 〈사랑과 전쟁〉에서 보인 연기로 그는 로봇 연기의 창시자가 되었다. 장수원이 운전하다가 급정거를 했다. 깜짝 놀란 상대에게 "다친 데 없어요? 괜찮아요? 많이 놀랐죠? 미안해요." 단 네 문장의 대사를 그는 감정이 전혀 없는 로봇처럼 말하였다. 얼마나 어색하고 뻣뻣한지 그의 연기는 이튿날 연예 지면을 뜨겁게 달구었다. 이후 배역의 인물, 성격, 행동 따위를 어색하고 뻣뻣하게 하면 로봇 연기를 한다고 말한다.

같은 이야기를 해도 지루한 사람이 있다. 반대로 집중시키며 재미나게 말하는 사람도 있다. 맛있는 음식을 만들기 위해서는 적절한 양념이 필요하다. 양념의 종류와 양에 따라 같은 식재료를 이용해도 맛이 달라진다. 적재적소에 양념을 잘 사용하면 말을 맛깔나게 할 수 있다.

첫째, 높임 맛내기 _ 높고 강한 소리로 강조하기

나는 어제 엄마와 함께 백화점에 갔다.	'나는'이 강조되는 문장 행동의 주체(주어)가 강조되는 말
나는 **어제** 엄마와 함께 백화점에 갔다.	'어제'가 강조되는 문장 시간 질문, '언제' 발생했는지를 강조하는 말
나는 어제 **엄마와** 함께 백화점에 갔다.	'엄마와'가 강조되는 문장 함께하는 대상이 강조되는 말
나는 어제 엄마와 함께 **백화점에** 갔다.	'백화점에'가 강조되는 문장 목적어가 강조되는 말

둘째, 낮춤 맛내기 _ 낮고 작은 소리로 집중하게 함

얘들아 여기 모여봐. 이거 비밀인데….	화자와 청자 사이의 비밀임을 강조하여 속삭이듯 말한다.

승승장구하던 그때 갑자기 그 고통이 찾아 왔습니다.	'고통'의 느낌을 살려 낙담한 듯한 목소리로 말한다.

셋째, 끊음 맛내기 _ 강조하고자 하는 말 앞에서 끊어 읽음으로 강조하기

나는/ 환하게 웃으며 돌아오는 그녀를/ 맞이했습니다.	'그녀'가 환하게 웃음
나는 환하게 웃으며/ 돌아오는 그녀를/ 맞이했습니다.	'내'가 환하게 웃음
아줌마 파마/ 돼요?	'아줌마 파마'가 되는지 물어봄
아줌마/ 파마 돼요?	'미용실 아주머니'에게 일반 파마가 되는지 물어봄
무엇보다 가장 중요한 것은/ 바로/ 노력입니다.	집중시키기 위한 끊어 읽기

넷째, 느림 맛내기 _ 말의 속도를 줄여서 집중하게 하기

질서는 곧 예절이며 **사회생활의 기초**입니다. 지금 **태풍 나비**의 영향으로 **전국적으로 많은 비**가 내리고 있습니다.

말을 할 때 맛내기 요소를 사용하면 내용이 잘 전달되고 상대의 집중도 이끌 수 있다. 맛내기 요소를 적재적소에 사용하려면 많은 연습이 필요하다. 자녀와 함께 책을 읽을 때 같이 연습해보자. 한 문장을 큰 소리로 읽기, 작은 소리로 읽기, 느리게 읽기, 끊어 읽기를 해보자. 하나씩 사용하며 읽을 때 느껴지는 감정이 달라진다. 다양한 읽기의 효과를 말로 가르치지 말고 몸으로 느낄 수 있도록 하라. 부모가 먼저 맛내기 요소를 사용하여 말하고 반응하면 자녀는 이를 흡수한다. 하나하나 맞춰서 연습하

다 보면 어울리는 맛내기를 찾아낼 수 있을 것이다. 귀에 쏙쏙 들어오면서 재미가 느껴지는 말하기는 타고나는 게 아니다. 연습으로 이루어진다. 꾸준히 연습하면 부모도 자녀도 책 속의 글자들을 꿈틀꿈틀 살아 움직이게 할 수 있다.

다음의 글을 자녀와 함께 맛깔나게 읽어보자.

> "나 한 사람쯤이야." 하는 생각으로/ 질서를 지키지 않는다면
> 결국에는/ 3등 국민으로 떨어지고 말 거예요.
> 질서/ 라고 말하면/ 줄 서는 것만을 생각하는데/
> 상대방에게 피해를 주지 않는 것도
> 질서에 해당됩니다.
> 또한/ 사람이 많은 곳에서 떠드는 것도/ 질서를 지키지 않는 것입니다.
> 질서는 곧/ 예절이며/ 사회생활의 기초입니다.

생각 정리는
어떻게 할까?

#생각을 논리적으로 말하기

하브루타 스피치 수업을 하면서 학생들에게 항상 하는 질문이 있다. 하브루타 스피치를 왜 배우는지다. 학생들은 발표와 말을 잘하기 위해 배운다고 말했다. 후속 질문을 했다. "발표와 말은 어떻게 하면 잘하는 거지?" "또박또박 제 생각을 잘 표현하는 거랬어요."

저학년일수록 학생들은 발표란 자리에 일어서서 말하는 것으로 한계를 둔다. 발표란 단지 앞에 서서 말하는 것이 아니다. 상대의 질문에 내 생각을 전달하는 행위 전반을 말한다. 내 생각을 논리적으로 잘 전달하는 기술이 하브루타 스피치이다. 그렇기에 토론을 빼고 논할 수 없다. 내 생각을 기반으로 상대를 설득하는 논리가 필요하다.

처음부터 논리적으로 말하기는 힘들다. 논리적으로 말하기 위해서는 말하기의 구조를 알아야 한다. 글을 쓸 때 '서론-본론-

결론'이 있다. 말도 '서론-본론-결론'의 구조로 하는 것이 좋다. 설득이 힘든 이유는 대부분 뜬금없이 결론만 이야기하기 때문이다.

"엄마, 운동화 사주세요."

"얼마 전에 신발 샀는데 또 사달라고?"

"아, 운동화는 없어요. 운동화 사주세요."

운동화를 사달라는 아이의 말을 듣고 엄마는 자녀가 떼쓴다고 생각한다. 떼쓰는 것은 논리적 말하기가 아니다. 논리적으로 말하기 위해서는 단계가 필요하다.

서론 (A)	엄마 저 운동화가 필요해요.
본론(B)	지금 있는 운동화는 작아서 발이 아파요. 얼마 전에 산 샌들이 하나 있는데, 이 샌들을 신고는 체육 수업을 할 수가 없어요.
결론(A')	체육 수업에 신을 운동화가 필요해요. 사주세요.

서론에서는 하고 싶은 말의 주제를 언급한다. 간결하게 이야기하는 것이 좋다. 본론에서는 이 이야기를 왜 하고 싶은지에 대한 이유, 논리적 근거, 스토리텔링, 에피소드 등을 이야기한다. 본론에서 2~3가지 정도의 논거를 제시하는 것이 좋다. 결론에는 내가 꼭 말하고자 하는 핵심이 들어가면 된다. 생각을 정리해서 말할 때 서론과 결론은 같은 내용이어야 효과적이다.

하지만 매번 이런 방법으로 글로 옮겼다가 말할 수는 없다.

머릿속에서 서론-본론-결론의 그림을 그릴 수 있도록 도와야 한다. 처음 하브루타 스피치를 접한 학생의 경우 본론의 말을 찾기 어려워한다. 훈련되어 있지 않기 때문이다. 친구에게 자신의 생각을 논리적인 증거를 들어 설명하고 발표하는 수업을 할수록 뇌는 점차 논리적인 말하기에 적응한다. 간혹 어른들이 '뇌가 굳어서', '기억력이 감퇴해서' 등의 이야기를 한다. 하지만 뇌는 훈련을 통해 신경세포를 증가시켜 뇌 기능을 향상할 수 있다. 논리적인 말하기를 훈련하고 익숙해진 뇌는 일상 대화에서 의식하지 않아도 구조를 가지고 논리적으로 말하게 된다.

#스토리텔링으로 이야기하기

나는 평범한 가정에서 태어나 초·중·고등학교를 다녔다. 취업이 어려운 시기에 취업이 잘 되는 치위생과를 졸업하여 직장생활도 바로 시작했다. 또한 치위생사 일을 하면서 꿈을 위해 강사 일도 겸했다. 큰 굴곡 없는 인생이었다. '평범'이 나를 잘 드러내는 단어일 것이다. 그러다 보니 굴곡 없는 내 삶이 가끔은 콤플렉스가 되었다. 강사에게 인생의 굴곡은 인상적인 강의의 소재가 된다. 어렵고 힘든 상황을 극복한 경험담은 사람들을 집중시킨다.

삶의 에피소드를 활용한 스토리텔링은 상대의 마음을 움직인다. 스토리텔링이란 내가 하고픈 말을 이야기를 통해서 말하는 방법이다. 토론할 때에 자신의 주장이 옳다는 것을 증명하는 여러 방법이 있다. 과학적 증거를 들거나 유명한 학자의 권위를 통해 주장할 수 있다. 이는 사실에 근거하고 권위에 근거한 것으로 주장의 옳고 그름을 반대하기는 어렵다. 하지만 대중의 마음을 곧바로 움직이지는 않는다. 스토리는 대중의 마음을 강력하게 움직일 수 있는 도구다. 스토리가 스펙을 이긴다고 하지 않는가! 상대의 마음을 건드리면 생각의 변화가 쉽게 일어난다. 스토리텔링에서의 이야기는 이성적인 논거를 제시하는 것이 아니다. 인물, 사건, 배경이라는 3요소에 자신이 말하고자 하는 내용을 이입시키는 것이다.

어떠한 인물에게 이입된 이야기는 상상하도록 한다. 이야기를 들으며 자신의 이야기로 대입하고 자신만의 그림을 그리게 한다. 이는 뇌에 장기적으로 저장되어 오래 기억하게 한다. 우리의 뇌는 듣는 이야기와 나의 경험을 구별하지 못한다. 그래서 자신의 이야기처럼 생생하게 기억하게 된다.

스토리텔링의 기본은 육하원칙이다. 육하원칙은 이야기의 틀이다. '누가, 언제, 어디서, 무엇을, 어떻게, 왜'에 맞춰서 이야기하면 된다. 육하원칙을 이용한 스토리텔링은 이야기의 전개를 군더더기 없게 한다. 상대가 이해하기 쉽게 해준다. 기본적인 스토리텔링을 더 맛있게 이야기하기 위해서는 목표와 사건을 포함시켜야 한다. 말하고자 하는 목표는 상대에게 전달하고 싶은 이야기이다. 상대의 변화를 꾀하는 내용, 공감하기 원하는 내용이 목표가 된다. 사건은 장애물이다. 인물이 목표를 향해 달려가는 과정에서 생기는 장애물은 이야기를 극적으로 만들어 준다. 드라마에는 주인공의 사랑과 성공을 방해하는 인물이 갈등을 만들어 극의 긴장도를 높인다. 시청자들은 주인공이 갈등을 헤쳐나가는 모습에 자신을 이입하여 같이 웃고, 울며, 욕하며 드라마에 빠지게 된다.

스토리텔링을 잘하기 위해서는 자녀와 함께 경험을 많이 해보는 것이 좋다. 자신의 경험에서 나온 스토리텔링은 어떠한 기술을 넣지 않아도 훌륭한 이야기가 되고 진심이 담겨있어 전달하기도 좋다. 많은 경험을 쌓고 그것으로 이야기를 만드는 것이 가장 좋은 스토리텔링이다. 하지만 시간, 공간, 물질의 부족 등으로 다양한 경험을 하기가 어렵다. 이런 한계를 벗어날 수 있게 하는 것이 책 읽기이다. 전래동화, 타인의 이야기, 속담이나 격언 등을 통해 이야기를 만들어 보는 것이 좋다. 이야기를 만들 때는 감정을 살려야 한다. 이야기를 만드는 것이 어려울 때는 이야기의 목표를 설정하지 말고 연습하는 것이 좋다. 우선 이야기를 시작해서 끝을 만드는 연습을 하자. 목표를 두지 않고 만드는 이야기는 상상력을 동원하여 창의적인 이야기를 만들어 낼 수 있다. 이야기를 만드는 것이 익숙해지면 점차 목표와 주제를 녹이는 연습을 해보자.

〈아이와 함께 이야기 만들기 놀이〉

- 누가 : 빨강, 주황, 노랑, 초록, 파랑, 남색, 보라색, 하얀색 크레파스
- 언제 : 비가 온 후
- 무엇을 : 무지개가 뜬 풍경을
- 어떻게 : 그림으로 그리기
- 왜 : 풍경이 너무 예뻐서
- 사건 : 무지개에는 하얀색이 없어서 하얀 크레파스가 자신의 역할을 찾지 못해 슬퍼함
- 하고픈 말(목표) : 존재에는 다 이유가 있다. 우리는 다 소중한 존재다.

빨강, 주황, 노랑, 초록, 파랑, 남색, 보라색, 하얀색 크레파스가 비가 내려 밖에서 놀지 못했어. 크레파스들은 비 내리는 창문만 바라보고 있었어. 빗방울이 점차 줄어들면서 비가 서서히 그치고 해님이 말간 얼굴을 내밀었어. 그런 해님 앞으로 무지개가 나타났어. 크레파스 친구들은 무지개가 있는 풍경이 너무 예뻐서 그림을 그리기로 했어. 빨간색, 주황색, 노란색, 초록색, 파란색, 남색, 보라색 크레파스가 나서서 자신의 색을 칠하고 있었어. 그런데 갑자기 하얀색 크레파스가 갑자기 울음을 터트리며 말했어.
"나는 쓸모없는 존재야. 나는 무지개 속에 없잖아."
"아니야, 하양아. 네가 얼마나 소중한 존재인데."
"내가? 나는 쓰일 곳이 없는데?"
"저기 저 하늘을 볼래? 무지개에 걸려있는 예쁜 구름은 하양이와 같은 색인걸."
그렇게 하양이는 무지개에 걸려있는 뭉게구름을 예쁘게 그려냈어.
세상에 있는 모든 것은 다 이유가 있는 거야. 쓸모없는 존재는 없어.
우리 모두 소중한 존재라는 것 꼭 기억하자.

*tips
크레파스가 함께 어울려 섞여 검은색이 되는 이야기, 열심히 크레파스로 그림을 그리다 부러진 이야기, 크레파스 가방에 들어가지 못한 이야기 등 크레파스를 소재로 다양한 상황을 만들어 이야기해볼 수 있다.
거창한 목표를 설정하지 않아도 좋다. 목표에 연연하면 이야기가 교훈으로 바뀌게 된다. 먼저 아이가 즐겁고 신나게 활동할 수 있도록 도와야 한다.
목표를 설정하기 어려운 경우, 등장인물에 자신을 대입해본다. 잘 안 쓰는 크레파스, 부러진 크레파스, 집을 잃어버린 크레파스 등 '내가 만약 크레파스라면 어떠한 마음일까?'를 생각해본다.

글을 쓸 때 첫 문장 쓰는 것이 제일 어려웠다. 한 문장을 쓰고 나니 다음 문장이 연결되었다. 그렇게 문장이 문단이 되고, 책 한 권을 쓸 수 있게 되었다. 스토리텔링도 마찬가지이다. 꾸준히 연습하고 노력하면 좋은 스토리텔링을 할 수 있게 된다.

#내 머릿속에 마인드맵

마인드 맵은 '생각의 지도'라는 뜻이 있다. 읽고 분석하고 기억하는 그 모든 것을 마음속에 지도를 그리듯이 하는 사고훈련법이다. 영국의 토니 부잔이 1960년대 브리티시 컬럼비아대 대학원을 다닐 때 두뇌의 특성을 고려해 만들어냈다. 그림과 상징물을 활용해 배우는 것이 훨씬 더 효과적이라는 생각으로 고안해 냈다고 한다. IBM, 골드만삭스, 보잉, GM 등 유수한 기업체들이 마인드맵 이론과 교재를 사원교육에 활용중이다.

내가 하브루타 스피치 센터장이 될 거라는 미래를 알지 못하던 20대 초반 치위생사로 근무하던 어느 날이었다. 새로운 직원이 입사하면서 회식을 하게 되었다. 갑자기 원장님께서 새로운 직원들에게 한 마디씩 이야기하라고 말씀하셨다. 그러자 직원들 모두 고개를 숙였다. 얼굴은 빨개졌고 손가락은 꼼지락꼼지락 어쩔 줄 몰랐다. 갑자기 여러 사람 앞에서 이야기를 하라니! 너무 당황스러웠다. 무슨 이야기를 해야 할지, 이 자리에 어울리는 말은 무엇인지 머릿속은 뒤죽박죽, 가슴은 두근두근했다.

이야기를 할 때 마인드맵을 활용해보자. 마인드맵이란 내가 말하고자 하는 주제에 관해 생각나는 단어를 거미줄처럼 이어 생각을 확장하는 것이다. 원장님의 요구에 나는 이렇게 말했다.

"안녕하십니까, 저는 노우리입니다. 대부분 구강 기관 중에서 치아가 중요하다고 생각합니다. 하지만 그 치아를 받쳐주는 치주가 건강하지 않으면 치아는 흔들립니다. 치주와 같이 겉으로 보이지 않지만, 묵묵히 자기 자리에서 도움이 되는 직원이 되도록 노력하겠습니다. 감사합니다."

내 머릿속의 마인드맵을 정리하면 다음과 같다.

'치과는 치아를 치료하는 곳이잖아. 근데 이만 치료해? 아니지! 치주도 있지. 치주는 이를 받쳐 줘. 치주가 없으면 이가 빠지게 되는데 사람들은 이 치주의 중요성을 잘 몰라. 그래 이거야! 크게 드러나지는 않지만, 묵묵히 자기 일을 열심히 하고, 없으면 안 되는 꼭 필요한 치주 같은 직원이 되겠다고 하자.'

내가 머릿속으로 그린 첫인사의 마인드맵이다. 마인드맵을 바로 머릿속에 그리기는 쉽지 않다. 자꾸 딴 생각으로 빠지기도 한다. 생각의 줄기를 이어가지 못하는 것이다.

글을 쓸 때도 마인드맵을 활용하면 도움이 된다. 글과 그림을 적절하게 이용하면 더 효과적이다.

마인드맵 가운데 동그라미에는 핵심 주제를 쓴다. 두 번째 칸에는 핵심 주제에서 연상된 단어를 글이나 그림으로 간략하게 표현한다. 세 번째 칸에는 연상 단어에서 파생된 생각들을 적는다. 여기서 '들'이라는 복수를 사용한 것은 생각나는 것을 모두 쓰라는 것이다. 하찮다고 생각하는 것이 오히려 기발하고 창의적인 생각으로 연결되기도 하다. 따라서 생각나는 모든 것을 기록한다. 생각이 계속 이어지면 여백에 계속 쓴다.

나는 강의를 준비할 때, 마인드맵을 주로 사용한다. 원 가운데 강의 주제를 적고, 큰 연상 단어 칸에는 첫인사, 서론, 본론, 결론, 끝맺음을 적는다. 파생된 생각을 적는 자리에는 내가 하고자 하는 말을 기억할 만한 단어로 간략하게 쓴다. 그러면 강의안을 보지 않고도 강의를 할 수 있다.

처음부터 마인드맵을 잘 할 수는 없다. 꾸준히 연습하다 보면 나를 표현하는 멋진 도구를 장착하게 될 것이다.

생각을 구체적으로 형상화하기

#그림 그리기 화법

친구와 만나기로 했다. 어디로 가야 약속 장소가 나오는지 아무리 찾아도 찾을 수 없어 친구에게 전화를 걸었다. 친구는 "쭉 올라와."라고 했다. 오른쪽을 봐도 왼쪽을 봐도 앞, 뒤를 보아도 오르막길은 없었다. 친구에게 다시 어디로 가야 하는지 물었더니 쉬운 말도 못 알아듣냐면서 "쭉 올라오라."라는 말만 반복했다. 길을 찾고 싶은 나도, 자세히 알려주었는데 못 알아듣는다고 생각한 친구도 답답했다.

지금은 내비게이션 앱이 있어 전화로 실랑이할 일이 별로 없다. 간혹 지도 앱이 있는데도 자신이 길을 알려주겠다고 말하는 친구들이 있다. 앞선 경우와 비슷한 양상이 벌어진다. 말하는 이는 쭉 와서 오른쪽에 있다고 하는데, 듣는 이는 어디로 '쭉'인지 알 수 없어 답답하다. 목소리 높여 설명해도 여전히 어디로 가야할지 모르겠다. 길을 설명할 때에는 그림을 그리듯 자세하게 설명해야 한다. 이야기를 듣고 약도가 머릿속에 그려질 정도로 설명해야 듣는 이가 길을 쉽게 찾을 수 있다.

그림 그리듯이 상세하게 말하는 화법은 길 안내에서만 필요하지 않다. 제대로 잘 전달하기 위해서 일상생활에서 그림 그리듯 말하는 습관을 기르면 커뮤니케이션이 쉽다. 예를 들어 크래커 먹는 순서를 글로 적어보자.

1. 크래커와 우유를 준비한다.	2. 크래커의 봉지를 들어 톱니 모양의 끝부분을 양쪽 엄지와 검지로 잡는다.	3. 오른손은 내 몸쪽으로 왼손은 몸의 바깥쪽으로 틀어 찢는다.
4. 9개가 들어있는 크래커 중 하나를 집어 든다.	5. 크래커의 양쪽 검은 쿠키 부분을 양손의 손가락을 이용해 잡는다.	6. 손가락에 힘을 줘 오른손은 왼쪽으로 왼손은 오른쪽으로 돌려 위, 아래를 분리한다.
7. 양손에 쥐어진 크래커를 바라보면 속에 발라진 크림을 먼저 핥아 먹는다.	8. 크림을 다 먹은 크래커를 차례로 우유에 찍어 먹는다.	9. 우유를 벌컥벌컥 마신다.

크래커를 꺼내 먹는 과정이 그려지는가?

크래커와 우유를 간식으로 준비하고 크래커 먹는 순서를 먼저 글로 적어보자. 이후 간식을 먹으면서 내가 얼마나 세세하게 크래커 먹는 법을 묘사했는지 살펴볼 수 있다. 그림 그리듯 말하는 것은 내용을 풍성하고 선명하게 해준다. 물론 매번 길게 설명할 수는 없다. 하지만 그림 그리듯 설명하는 습관이 길러지면 자신의 이야기를 머릿속에 그려 말을 잘할 뿐만 아니라 글도 잘 쓸 수 있게 된다.

나는 엄마에게 숫자를 배웠다. 그런데 직선으로 된 숫자는 잘 그렸는데 곡선이 들어간 숫자는 그려지지 않았다. 답답한 엄마는 숫자 2을 계속 쓰시면서 "이렇게 쓰면 된다."만 반복하셨다. '이렇게'가 어떤 것인지 한참 뒤에야 알고 숫자 2를 쓰게 됐다. 어떻게 하면 '이렇게'를 잘 설명할 수 있을까! 숫자 2를 위에서 보았더니 동그란 원이 보였다. 동그라미를 그리고 아래 반을 살짝 지웠다. 반원 아래쪽에 직선으로 선 두 개를 그으면 숫자 2가 된다. 그림으로 받아들이고 놀이처럼 동그라미를 그리고 지우면서 숫자 2를 쓰게 되었다. 곡선을 그리는 연습까지 하게 되었다. 자녀와 함께 놀이활동을 통해 잘 이해할 수 있도록 그림 그리듯 말해보는 것이 좋다.

놀이할 때 '이렇게'라는 단어를 가급적 쓰지 말자. '이렇게'라고 말하는 것은 '내가 한 그대로 무조건 따라해.'라는 의미가 있다. 그림을 그리는 아이에게, 블록을 쌓는 아이에게, 점토로 동물을 만드는 아이에게 "이렇게 해봐."라는 말 대신 "상어 이빨처럼 뾰족뾰족한 모양을 만들어 볼까?", "뽀로로 안경처럼 동그랗게 만들어 볼까?", "사과와 같이 빨간색으로 표현하면 어떨까?" 등으로 말해보자. 아이들은 머릿속으로 그림을 연상해 만들 수 있다.

다음은 자녀와 함께 그림 그리듯 말하는 법을 배울 수 있는 놀이다.

놀이 1. 2인 1조로 하는 미로 놀이
미로 용지를 준비한다. 부모는 눈을 감고 자녀가 설명하는 데로 펜을 움직인다. 자녀는 눈을 감고 있는 엄마(아빠)가 미로를 잘 찾도록 자세하게 설명한다. 부모는 자녀의 말에 귀 기울여 펜을 움직인다. 부모와 자녀가 역할을 바꿔 놀이한다.

놀이 2. 그림 설명 스피드 퀴즈
사물의 사진을 출력한다. 그 사물의 생김을 설명한다. 이때 사물의 역할이나 우리 집 어디에 있는지, 어떤 추억이 있는지 등은 말하지 않는다. 생김새만 설명한다.

#귀에 쏙쏙, 쉽게 설명하기 화법

면접 스피치를 가르칠 때 취업준비생들과 모의 면접을 했다. 수강생들은 어려운 단어를 사용해서 질문에 대한 답을 했다. 어려운 단어를 사용하는 이유를 물어보니 자신이 많이 알고 있다는 것을 드러내기 위해서라고 말했다. 한마디로 똑똑해 보이고 싶은 것이다. 이는 잘못된 생각이다. 많이 아는 사람은 어려운 단어를 쓰지 않는다. 오히려 어려운 단어를 상대가 이해하기 쉽게 풀어 설명한다. 어설프게 아는 사람일수록 어려운 단어를 사용해 자신을 포장한다. 진정한 고수는 어려운 전문용어를 누구나 이해할 수 있는 단어로 풀어 설명한다.

정확하게 알아야 쉽게 설명할 수 있다. 어려운 단어가 정확하게 무엇을 의미하는지 알아야 한다. 단어의 의미를 정확하게 모르기 때문에 같은 의미의 쉬운 단어로 바꿔 사용할 수도, 비유를 들어 설명할 수도 없다.

내가 말하고자 하는 내용을 잘 전달하려면 상대방의 지식수준을 고려해야 한다. 합집합을 설명해보자. 초등학생에게는 "빨간색, 노란색, 파란색을 다 모아 보세요. 이렇게 다 모은 것이 합집합입니다"로 설명하지만 고등학생에게 이렇게 설명하지 않는다. 추상적인 개념을 가져와 설명한다.

학교 다닐 때 모르는 문제를 선생님보다 친구가 가르쳐 줄 때 더 귀에 쏙쏙 들어오는 경우가 있다. 친구는 나와 같은 눈높이에서 고민하고 답을 찾아내기 때문에 내가 어려워했던 부분을 속 시원하게 알려줄 수 있었다.

쉽게 설명하기 화법에도 맛내기를 할 수 있다. 상황을 고려하고 예시 등을 사용하는 것이다. 속담이나 사자성어도 아이들의 수준에 맞게 설명해주면 쉽게 이해된다. 다음과 같이 해보자.

첫째, 우선 아이에게 들려주고 싶은 속담이나 사자성어를 선정한다.

둘째, 내용을 아이에게 쉽게 말하기 화법으로 설명한다.

셋째, 아이에게 속담, 사자성어를 아이 주변에서 일어나는 상황을 들어 설명하자. "고래 싸움에 새우 등 터진다."는 "강한 사람들 싸움에 아무 관계없는 약한 사람이 피해를 본다."라는 것을 비유적으로 설명한 속담이다. 이를 다음과 같이 쉽게 아이들에게 설명할 수 있다.

"고래는 바다에 사는 동물 중 몸집이 가장 큰 동물이야. 몸집이 큰 고래는 아주 많은 물고기를 한 번에 먹을 수 있단다. 이렇게 몸집이 큰 고래에 비해 새우는 몸집이 아주 작아. 커다란 고래들이 싸움하는데 그 사이에 몸집이 작은 새우가 끼여 있으면 어떻게 될까? 몸집이 작은 새우는 커다랗고 힘이 센 고래들의 싸움에 밀려서 등이 힘없이 터지게 된단다. 자기와는 상관없는 싸움에서 도리어 피해 본 새우의 마음이 어땠을까? 새우는 많이 억울했겠다. 우리 율이는 새우와 같은 경험한 적 있니?"

"저 억울한 적 있었어요. 누나랑 형이랑 싸울 때 저는 옆에서 게임하고 있었거든요. 근데 형이 갑자기 오더니, 게임기 뺏고 저한테 화냈어요. 제가 게임 할 차례 맞았는데 자기 화난다고 게임기 그냥 빼앗아 가버렸어요. 그때 엄청 억울했어요."

상대 수준에 맞는 '쉽게 설명하기'와 '그림 그리기' 화법은 이야기의 이해를 돕는다. 귀에 쏙쏙 들어오며 마음의 여운을 남기는 말하기가 될 것이다. 내 생각과 의견을 상대가 쉽게 잘 이해할 수 있도록 전달하는 것, 내 의견을 적절한 비유와 자세한 설명으로 상대를 설득시키고 변화시키는 것이 하브루타 스피치다.

공부도
하브루타 스피치로 하라

#스스로 가르치기 학습

방송인 조영구의 자녀 교육이 화제가 되었다. 그의 아들 정우는 영재교육원에 합격한 상위 0.3%의 영재이다. 정우는 아침에 일어나자마자 책을 읽는다. 초등학교 때 익혀야 할 가장 중요한 습관이 독서라고 생각하는 부모의 교육 신조로 정우는 눈을 뜨자마자 책을 들었다. 또한 모르는 것은 스스로 찾았다. 또 새롭게 안 것은 부모님에게 설명했다. 부모는 학생처럼 책상에 앉아 있고 정우는 칠판 앞에 서서 자신이 오늘 공부한 것을 설명했다. 자기의 지식이 되기 위해서는 남에게 설명할 수 있어야 한다고 생각한 부부는 이 교육방법을 채택했다. 다른 사람을 가르치면 단순 복습을 할 때보다 이해력이 높아지고 지식이 머릿속에 장기 저장될 확률이 높아진다.

미국 행동과학연구소에서 학습 방법에 따른 학습 효과를 알아보기 위해서 학습한 후 24시간 뒤에 어떠한 학습 방법이 기억에 오래 남는지 연구하였다. 주입식 강의와 듣기 방법은 단 5%의 효과가 났다. 반면 직접 가르치는 방법은 90%의 효과가 나타났다. 다른 사람을 가르치는 동안 본인의 학습 효과가 향상된다는 사실을 증명한 연구 결과가 또 있다. 2018년 싱가포르 연구팀은 학생 124명을 모집해 10분간 도플러 효과와 음파에 대한 그림과 글을 보며 공부를 하도록 했다. 실험 참가자는 도플러 효과에 대한 사전 지식이 없었고, 필기를 하는 방식으로 공부했다. 학습을 마친 뒤, 실험 참가자를 네 그룹으로 나눴다. 한 그룹은 5분간 앞서 필기한 내용을 보지 않은 상태에서 다른 사람을 가르쳤고, 또 한 그룹은 각본대로 가르쳤다. 또 다른 한 그룹은 학습한 내용 중 기억나는 것을 모두 적었고, 나머지 한 그룹은 곱셈 문제를 풀었다. 한 주가 지나 연구팀은 실험 참가자를 다시 불러 공부했던 내용을 테스트했다. 그 결과, 각본 없이 다른 사람을 가르친 그룹이 가장 좋은 점수를 얻었다. 다른 사람을 가르치려면 공부한 내용을 머릿속으로 떠올리고 정리하는 과정이 선행돼야 한다는 점에서 학습 효과가 높아진다는 게 연구팀의 설명이다. 가르치기 위해서는 그에 선행한 내면화 과정이 공부에 도움이 된다는 것이다.

가르치기 방법은 내가 아는 것과 모르는 것이 무엇인지 확실하게 인식할 수 있도록 돕는다. 바로 메타인지이다. 가르치다 보면 메타인지가 발달하게 되고 자신의 인지를 파악하기 위해 뇌는 더 격동적으로 움직인다.

가르치기 학습을 할 때 학습자 역할을 하는 상대가 있으면 좋다. 질문하고 대답하는 과정을 통해 모르는 부분을 찾고 중요한 부분을 반복하여 배울 수 있기 때문이다. 하지만 매 순간 누군가를 가르치는 공부를 할 수는 없다. 그럴 때는 자기 자신을 가르친다. 공부할 내용을 학습한 다음 내가 교사가 되어 자신에게 가르치는 것이다. 혼자 한다는 생각에 머릿속으로만 되뇌지 말고 입 밖으로 소리를 내면서 가르쳐야 한다. 칠판에 글을 쓰거나 그림이나 도표를 그려가며 하는 것도 좋다. 칠판이 없다면 연습장을 이용해 자기 자신에게 가르치는 것이다. 그러다 보면 어떤 내용은 술술 설명하고 어떤 내용은 막힐 것이다. 막히는 부분은 다시 펼쳐 공부한 다음 가르치면 공부의 효율성이 높아진다.

스스로 가르치기 학습은 재미가 있다. 학습의 처음과 중간, 끝을 확인하며 과정을 즐기다 보면 앎의 재미를 느낀다. 스스로 무언가를 이루어가는 기분에 공부가 흥미롭다. 눈으로 보는 공부법은 금방 지루해지지만 가르치기 공부는 추임새를 넣어가며 시끌시끌하게 공부하니 재미있게 할 수 있다.

스스로 가르치는 것이 익숙해지면 1인 2역으로 역할 활동을 하는 것도 좋다. 선생님과 학생 역할을 하면서 묻고 답하는 것이다. 가르칠 내용을 정리하고 의문을 품고 다시 정리해서 가르치는 과정을 반복하면서 지식의 깊이를 더할 수 있다. 하브루타 스피치에서는 알아야 할 내용이나 정보를 그대로 수용하지 않고 의구심을 가지며 질문하기를 권장한다. 틀 속에 있는 것을 그대로 받아들이면 생각의 바다는 넓어지지 않는다. 정해진 지식도 의심하며 질문해야 생각의 바다가 넓어진다.

"조용히 가만히 앉아서 집중해서 공부해." 부모들이 자주 하는 말이다. 그러나 조용히 앉아 책을 뚫어지게 쳐다본다고 하여 집중하는 것은 아니다. 입과 손, 머리 모두를 쓰는 것이 제대로 공부하는 방법이다. 아이가 스스로 교사가 되고 학생이 되어 가르치고 질문하는 학습을 하도록 도와주자. 부모가 학생 역할이 되어 가르치는 연습을 하도록 돕는 것이 좋다. 좋은 교사는 학생이 만든다. 부모는 좋은 학생이 되어 자녀의 뇌가 역동적으로 움직일 수 있도록 좋은 질문을 던지자. 가르치고 배우는 과정이 훈련되면 스스로 좋은 질문을 던지고 학습하는 교사이자 학습자가 될 것이다.

#우리 가족 발표날

프레젠테이션이란 시청각 자료를 활용하여 사업 설명, 프로젝트 계획, 방향성, 절차 등을 구체적으로 발표하고 그에 대해 질의응답을 하는 것이다. 학교와 직장에서 하는 프레젠테이션을 가정에서도 할 수 있다. 바로 '우리 가족 발표날'이다. 직장에서처럼 거창한 사업설명, 프로젝트 설명회를 하는 것이 아니라 우리 가족의 이야기나 계획을 담으면 된다. 다음과 같은 주제로 발표할 수 있다.

- 신년 목표(올해 꼭 이루고 싶은 목표)
- 우리 가족 행사(어떤 행사인지, 날짜, 동선 등을 발표하고 함께 상의)
- 방학 계획(방학 동안 할 일, 방학에 꼭 이루고 싶은 목표 등)
- 가족 여행(여행 장소 선정, 근처 관광지와 맛집, 코스 등을 발표하고 함께 상의)
- 나의 꿈(나의 꿈은 무엇인지, 꿈을 이루기 위해서 어떠한 노력을 할 것인지 등)
- 가족 독후 활동(각자 읽은 책의 내용 요약, 내가 깨달은 것들, 내 삶에 적용해야 할 것 등)
- 한 해를 돌아보며(감사하고 행복했던 일을 발표하고 서로에게 다시 한번 감사하는 시간)

이외에도 주제는 다양하다. 우리 가족 발표날은 매월 또는 분기별로 시간을 정해서 한다. 처음에는 자녀에게 발표 준비를 전적으로 맡기지 않는다. 부모와 자녀가 짝을 이루어 발표 준비를 한다. 주제를 선정하는 법, 내용을 정리하는 법, 파워포인트나 프린터 자료 등을 만드는 방법을 부모에게 배울 수 있다. 부모가 먼저 자녀 앞에서 당당하고 자신 있는 모습으로 발표하는 것도 좋다. 나중에는 형제, 자매끼리 짝을 지어 발표를 준비하도록 한다. 형제, 자매끼리 준비하면 다투는 일도 생긴다. 부모가 적절하게 개입하여 조율할 필요는 있으나 우선 자녀들이 스스로 역할을 분담하고 의견을 조율하도록 기다리자. 이 과정을 통해 아이들은 서로 협력하는 법을 배운다.

반드시 부모도 발표를 해야 한다. 자녀의 발표 능력을 키우기 위한 것으로만 생각하여 듣기만 한다면 자녀에게 또 다른 과제를 부여한 것밖에 되지 않는다.

우리 가족 발표날은 즐거운 날이 되어야 한다. 부모가 자녀에게 가르치려 한다면 자녀는 주눅이 들어 제대로 발표하기 어렵다. 자녀의 발표 내용이 허술하고 부족해도 칭찬할 점을 찾아서 격려한다. 부모는 자녀가 발표를 준비하면서 힘들었던 것을 인정하고 공감해 주어야 한다. 발표가 끝나면 내용 보충을 위해 질문해서 더 깊이 생각해 볼 수 있도록 끌어주어야 한다.

자녀의 발표를 보면서 조언하고 싶고 가르치고 싶은 마음이 들기도 한다. 자녀의 발전이 느리더라도 기다려주자. 자녀가 가족 발표에 익숙해지면서 내용이 풍성해지는 것을 볼 뿐만 아니라, 내 자녀의 꿈이 어떻게 변해 가는지, 어떤 생각을 하고 있는지 등을 알게 될 것이다.

6장

하브루타 스피치로 세상에 나를 외쳐라

세상을 향해
꿈을 찾아가는 아이

#진짜 꿈을 꾸는 아이

우리는 이따금 '장래희망'과 '꿈'을 혼동한다. 학생들에게 꿈이 뭐냐고 질문하면 "선생님이요.", "의사요."라고 대답한다. 이는 꿈이 아니라 장래희망이다. 장래희망은 미래에 자신이 하고 싶은 일, 직업에 대한 희망을 말한다. 꿈은 자신이 실현하고 싶은 이상이다. 선생님이나 의사는 장래희망이다. 꿈이란 어떠한 선생님, 어떠한 의사가 되고 싶은 지다. 학생들에게 꿈과 희망을 주는 선생님, 백신을 개발해 생명을 살리는 의사가 꿈이다. 자녀가 꿈보다는 직업에 미래를 걸고 그것에만 좇게 한 것은 아닌지 돌아보아야 한다.

"선생님, 제 꿈은 성형외과 의산데요. 이 성적으로는 의대는 커녕 서울 안에 있는 대학도 못 가게 생겼어요. 그래서 저 대학 포기했어요."

고등부 수업 시간 중 한 학생의 말에 깜짝 놀랐다. 고 1이면

열일곱 살, '포기'라는 말이 벌써 나오는 현실을 사는 학생이 안쓰러웠다. 왜 성형외과 의사가 되고 싶은지 물었다. 부모님이 돈을 잘 버는 의사가 성형외과 의사라며 의사가 되어 여유롭게 살라고 말했단다. 돈이 기준이 되어 장래직업을 정하는 것이 안타까웠다. 그리고 성적 때문에 장래희망을 포기하는 것도 마음 아팠다. 이는 비단 이 학생의 이야기가 아니다.

꿈은 여행과 같아야 한다. 여행을 준비할 때, 우리는 설레고 행복하다. 여행을 가서 무엇을 할지 상상하고, 여러 일정을 짜고, 예쁘게 사진 찍을 생각에 옷도 사고, 여기저기 자랑도 한다. 자녀들에게 꿈이 그래야 한다. 꿈을 꾸는 자체만으로 설레고 행복해야 한다. 꿈을 이룬 내 모습을 상상하며 즐거워해야 한다. 꿈을 이루기 위해 인생을 계획하고, 꿈을 위한 공부도 할 수 있어야 한다. 내 꿈에 대해 여기저기 자랑할 수 있어야 한다.

꿈은 '지금' 행복하게 해준다. 꿈은 '지금'을 참고 포기하며 희생시키지 않는다. 꿈은 자신의 가치관과 철학 속에서 자신이 원하는 것이 무엇인지 정확하게 알아가게 한다. 그 꿈의 도구가 직업일 뿐이다.

유치부 아이들이 오히려 꿈을 정확하게 이야기한다.

"저는 대통령이 되고 싶습니다. 대통령이 되어서 미세먼지 없는 곳에서 엄마랑 아빠랑 행복하게 살 수 있는 나라를 만들고 싶어요."

“저는 의사 선생님이 되고 싶습니다. 코로나를 잡는 약을 만들어서 사람들을 살리고 싶습니다.”

대통령이 되는 것이 중요한 것이 아니라 미세먼지 없는 곳에서 부모님과 행복하게 사는 것이 중요하다. 의사가 되는 것도 코로나를 물리치는 약을 개발해 사람을 살리고 싶은 것이다. 유치부 아이들은 신나게 자신의 꿈을 이야기한다. 부모님의 이야기나 사회적 기대에 강요당하지 않고 자신이 되고 싶은 것을 당당하게 발표한다. 행복과 희망이 가득한 표정으로 말이다. 꿈은 이래야 한다. 꿈을 이야기하면서 행복하고 희망에 가득 차 있어야 한다.

청소년기에는 꿈을 구체화해야 할 시기다. 꿈을 위해 현실적인 준비를 해야 한다. 스스로 계획하고 가꾸어 가도록 해야 한다. 꿈을 구체화하기 위해서는 자기 자신에게 많은 질문을 해야 한다. ‘나는 누구인지?’, ‘내가 무엇을 할 때 가장 행복한지?’ 등 자기 자신을 알아야 한다. 부모는 섣불리 나서서 이끌려 하지 말고, 스스로 ‘무엇을 좋아하는지’, ‘잘하는 것은 무엇인지’, ‘잘하고 싶은 것이 있는지’, ‘자신은 어떤 가치관을 가진 사람인지’, ‘무엇을 두려워하는지’, ‘진정으로 원하는 것은 무엇인지’ 등을 알도록 기다려 주어야 한다.

오랜 시간 자기 자신을 공부하면 자신도 몰랐던 모습을 발견하고 성찰하게 된다. 이 과정을 통해 가치관을 확립하며 자신이 진정으로 원하는 꿈을 찾아갈 수 있다. 부모의 기대와 사회적 요구로 꿈과 직업을 정하는 것이 아닌, 자기가 진정 즐기고 원하는 일을 정하게 된다.

#넌 지금 충분히 잘하고 있어

모든 것이 낯설고, 모든 것이 어색하기만 했던 직장 새내기, 모르는 것도 많고, 잘하는 것도 없어 계속 실수를 했다. 어느 날 이런 나 자신에게 화가 나서 화장실에서 울고 있었다. 자리로 돌아온 내게 실장님은 한마디 건네셨다.

"넌 지금 충분히 잘 하고 있어. 지금처럼 하면 돼."

13년이 훨씬 지난 지금도 실장님의 말이 생생하다. 화장실에서 실컷 울고 왔는데 실장님의 말에 또 눈물이 왈칵 쏟아졌다. 처음엔 그저 나를 위로해 주는 따뜻한 말이어서 내 마음에 오래 남았다고 생각했다. 하지만 사회생활을 하면서 그리고 하브루타 스피치 수강생들을 보면서 그 말의 의미가 마음 깊이 와닿아서라는 것을 알았다.

성적이 떨어진 자녀에게 대부분 부모는 "다음에 잘하면 돼." 라고 위로한다. '다음'이라는 말은 '지금은 부족하니 앞으로 더 잘하렴.'을 내포하고 있다. 위로도 있지만 지금 부족한 부분이 있음을 지적하는 것이다. 실장님의 '넌 지금 충분히 잘 하고 있어.' 하는 말은 지금의 나 자체를 인정해주는 것이었다. '성적이 떨어져도 괜찮아. 열심히 하는 네 모습으로 충분히 잘 하고 있어.'의 의미를 담아야 한다. '실수해도 괜찮아. 노력하는 네 모습으로도 충분히 잘하고 있단다.'라는 말은 상대방을 온전히 보듬어 주는 따뜻한 말이다.

수학 천재라는 아이가 TV에 출연했다. 아이는 방송을 찍는 시간 내내 수학 문제집을 풀었다. 아이가 왜 이렇게 수학에 몰두하게 되었는지 상담하는데 아이는 상담사에게 계속해서 문제를 내달라고 했다. "선생님은 문제를 내지 않을 거야. 문제를 풀지 않아도 괜찮아. 선생님은 너의 이야기가 듣고 싶어." 상담사의 말에 아이는 엄마가 수학 문제를 푸는 모습을 좋아한다고 말했다. 그래서 계속 수학 문제를 풀었고, 엄마에게 인정받기 위해 수학 문제집을 놓을 수 없었다고 했다.

자녀가 부모에게 원하는 것은 무엇일까? 바로 인정과 사랑의 표현일 것이다. 〈어른들은 몰라요〉라는 동요가 있다. 가사는 다음과 같다. "어른들은 몰라요. 아무것도 몰라요. 마음이 아파서 그러는 건데." 자녀가 부모에게 바라는 것은 그렇게 크지도 많지도 않다. 그저 자신을 존재 자체로 인정해주고 인정받고 싶은 것이다.

"넌 왜 이것도 못하니?"

"다른 친구들은 선행학습 시작했대."

"넌 누굴 닮아서 그래?"

"다음엔 100점 받아와."

내 자녀의 '지금'을 부정하지 말자. 자녀의 '현재'를 보고 알아주며 사랑의 언어로 보듬어 주자. "넌 지금 충분히 잘 하고 있어. 지금처럼만 하면 돼. 할 수 있어." 싹을 틔운 씨앗에게 빨리 크기를 바라며 물을 많이 준다면 며칠은 쑥쑥 크겠지만 금세 썩고 만다. 적당한 물과 건강한 거름에서 꽃이 활짝 피고 열매가 튼실하게 맺힌다. 자녀 교육도 이와 같다. 빨리 자라기만을 바라면서 건넨 말과 행동은 자녀를 시들게 한다. 내 자녀의 속도를 믿고 지지해주자.

세상에 질문하는 아이

#자기 자신에게 질문하는 아이

〈쥬라기 공원〉, 〈ET〉, 〈인디아나 존스〉 등 많은 영화를 흥행시킨 스티븐 스필버그 감독은 학창시절 공부와는 담을 쌓은 학생이었다. 영화에 빠져 있던 그는 문제아로 불렸다. 하지만 담임 선생님은 그렇게 생각하지 않았다.

"너의 꿈은 무엇이니? 만약 네가 그 꿈을 이룬다면 그 삶은 어떤 삶이 될까?"

스티븐 스필버그는 선생님의 이 한 마디에서 자신감을 얻게 되었다. 영화에 빠진 자신을 인정해주고 앞으로의 계획까지 묻는 선생님의 말에서 꿈을 꾸게 되었다. 이후 그는 세계적인 영화감독이 되었다. 질문은 강력한 힘이 있다. 목적과 목표를 불러일으킨다. "이 일을 왜 해야 할까?", "이 일의 결과는 어떤 일이 벌어질까?" 등 질문을 통해 미래를 꿈꾸며 상상할 수 있게 된다.

또한 질문은 이유에 대해서 생각하게 한다. "이건 왜 생긴 현상일까?", "왜 그렇게 생각하니?" 등 감추어진 배경이나 이유, 속마음을 살펴볼 수 있다. '왜'라는 질문과 친해지면 더 깊이 있는 질문으로 나아갈 수 있다. 바로 '만약에' 질문이다. '만약에'는 단순 호기심을 지적 호기심으로 성숙시킬 수 있는 단어이다.

아인슈타인이 상대성 이론을 밝히게 된 계기도 '만약'에서 시작되었다. 모든 속도는 상황에 따라 변한다. 예를 들어 자동차를 타고 기찻길 옆을 지나갈 때 기차와 같은 방향으로 달릴 때와 반대 방향으로 달릴 때 자동차의 속도는 달라진다. 하지만 같은 상황에서 자동차 안에서 빛을 쏘았을 때는 같은 방향이나 반대 방향이나 빛의 속도는 일정했다. 빛은 어떤 상황에도 변하지 않는 광속불변의 법칙을 가진다. 많은 과학자가 빛의 속도는 왜 변하지 않는지를 고민할 때, 아인슈타인은 "만약에 어떠한 상황에서도 빛의 속도가 일정하다면?"이라는 질문을 했고, 그 질문으로 상대성 이론을 만들었다.

질문은 세상의 이치를 밝히고 나의 가치를 정립하는 좋은 방법이다. 지적 호기심을 자극하기 위한 질문은 어렵다. 깊은 생각이 필요하다. 하브루타 스피치를 통해 질문의 질을 향상해 온 아이라면 세상의 이치를 밝히고 나의 가치를 정립할 수 있는 성숙한 지적 호기심을 발현할 수 있다. 스스로 자신의 가치를 확립하는 질문을 던지고 답을 찾아가는 훈련을 하면 삶의 어떠한 문제가 닥쳐도 문제를 회피하거나 도망가지 않고 답을 찾는 과정을 성숙하게 감당할 것이다.

이를 위해 먼저 자녀가 스스로 객관적으로 바라보도록 도와야 한다. 자녀가 스스로를 객관적으로 바라보기 위해서는 부모의 역할이 중요하다. 부모가 무엇보다 자녀를 객관적으로 바라보아야 한다. 에디슨은 병아리를 부화시키겠다고 헛간에서 달걀을 품는 엉뚱한 아이였다. 수학 시간에 에디슨은 선생님에게 "왜 1 더하기 1이 2인가요? 1이 될 수는 없나요?" 질문했다. 선생님은 에디슨은 머리가 나쁜 문제아로 치부했다. 에디슨의 어머니가 선생님을 찾아왔다. "우리 아이는 머리가 나쁜 것이 아니라 그저 궁금한 것이 많은 아이일 뿐입니다." 에디슨의 어머니는 일찍이 아들의 성향을 알아차렸다. 에디슨이 호기심이 많다는 것은 안 어머니는 호기심을 엉뚱한 생각이라고 꺾지 않고 더욱 발전시키려고 노력했다. 아들을 향한 정확한 판단과 무한한 신뢰로 지금 우리는 빛과 소리의 천재 에디슨을 만나게 된 것이다. 부모는 자녀를 객관적으로 파악하고 아이 스스로 질문하고 답할 수 있도록 해주어야 한다.

"내가 잘 하는 것은 무엇일까?"

"내가 잘 할 수 있는 것은 무엇일까?"

"나의 꿈은 무엇인가?"

"지금 나는 어디쯤 와있는 것일까?"

"내가 하고 싶은 것을 하기 위해 어떤 노력을 해야 할까?"

"만약 내가 노력할 수 없는 상황이 생기면 나는 어떻게 헤쳐 나가야 할까?"

자녀를 정확하게 파악하는 것은 자녀를 판단하는 것이 아니다. 부모는 자녀의 능력을 정확하게 인지하여 자녀 스스로 생각해서 행동할 수 있게 질문하고, 지지하고, 지켜봐야 한다. 부모의 질문을 통해 성장한 자녀는 스스로에게 질문할 수 있다. 자신에게 질문을 던지는 아이는 자신을 사랑할 줄 아는 자존감이 높은 어른으로 성장한다.

#배움의 단맛을 아는 아이

수학능력시험 결과가 발표되면 언론은 최고 득점자를 인터뷰한다. 높은 성적을 얻게 된 방법을 물으면, 대부분의 학생은 교과서 위주로 공부했고 공부가 재미있었다고 한다. 학생이었을 때, 나는 그 말에 공감할 수 없었다. 공부가 재미있다니? 그랬던 내가 지금은 학생들을 가르치면서 매 순간 배움의 기쁨을 맛보고 있다. 배우는 것이 즐겁다. 학교 다닐 때 교과서도 잘 보지 않던 내가 지금은 휴일에도 책을 놓지 않는다. 달라진 이유는 무엇일까?

의무의 차이에서 배움의 재미가 다르게 나타난다. 세상 모든 것이 궁금한 아이가 학교를 들어가면서 세상에 대해 배우는 것이 아니라 의무라는 틀 안에서 성적으로 평가받는 공부를 하게 된다. 배움의 의미가 시험에 함몰되고 만 것이다. 좋은 성적, 높은 성적이라는 결과를 만들어야 하고 부모는 성적에 따라 자녀를 바라보게 된다. 부모는 자녀에게 공부가 학생의 의무라고 말한다. 정확히 배움이 학생의 의무이지 성적으로 평가받는 시스템의 공부가 학생의 의무는 아니다. 시스템 속에서 성적을 올리기 바라는 부모의 기대심은 자녀를 배움에 대한 즐거움과 멀어지게 한다.

유대인은 자녀가 공부하기에 앞서 '배움은 꿀처럼 달콤하다.'라는 것을 알게 한다. 유대인 부모는 아이 손가락에 꿀을 묻혀 알파벳을 쓰게 한다. "이제부터 너희가 배우는 모든 단어는 이 알파벳에서 시작하는 거야. 배우는 것은 이 알파벳들처럼 달고 맛있는 것이란다." 달콤한 꿀을 향과 맛으로 느끼며 배움의 과정을 기대하게 만든다. 배움의 달콤함을 아이는 적극적으로 배우게 된다. 이런 아이들은 궁금한 것이 있으면 거리낌 없이 질문하고 해답이 나올 때까지 문제를 파고든다.

《탈무드》에 적극적인 배움을 알려주는 이야기가 있다. 두 나그네가 길을 가고 있었다. 굶주림에 지친 두 나그네는 외딴집을 발견했다. 집안은 텅텅 비었지만 다행히 높은 천장에 과일 바구니가 달려있었다. 두 사람은 팔을 뻗어 과일 바구니를 내려 보려 애썼으나 손에 닿지 않았다. 결국 한 사내는 버럭 화를 내고 나가버렸다. 다른 사내는 달랐다. 그는 바구니가 매달려 있다는 것은 분명히 꺼낼 방법이 있을 것이라 생각하고 집을 샅샅이 뒤졌다. 그리고 마침내 사다리를 찾아냈다. 그는 사다리를 이용해 바구니를 내렸고 맛있는 과일을 먹을 수 있었다. 사다리를 찾아낸 사내의 자세가 배움의 자세이다.

손 한번 슬쩍 내밀었다가 금세 포기하지 말고 자신이 배우고자 하는 질문에 끝까지 답을 찾아내자. 스스로 질문하고 그 질문에 답을 찾아내는 과정이 바로 배움이 꿀처럼 달아지는 과정이다. 스스로 적극적으로 나서서 세상을 궁금해 하고, 질문하며, 끝까지 답을 찾아내는 과정에서 아이는 배움의 재미를 알게 된다.

세상에 도전하는 아이

#의욕을 가진 아이

새해가 되면 많은 계획을 세운다. 그러나 얼마 지나지 않아 계획이 무너진다. 다이어트 작심삼일, 영어공부 작심삼일, 운동 작심삼일 등. 굳게 결심한 것이 왜 사흘을 넘기지 못할까? 굳은 결심을 지켜내고자 하는 마음가짐과 지속하는 힘이 부족해서 작심삼일하는 것이다. 이들은 금세 의욕을 잃는다. 의욕은 무엇을 하고자 하는 적극적인 마음가짐이다. 작심삼일 하지 않고 계획을 잘 지켜 목표를 이루는 사람도 있다. 이들의 마음에는 늘 의욕이 있다. 의욕은 무언가를 해냈을 때, 성취감과 희열을 느꼈을 때 더 적극적으로 발생한다. 무언가를 해냈을 때, 도파민이라는 신경전달물질이 발생한다. 도파민은 집중력과 관계가 있다. 도파민이 부족하면 집중하지 못하고 초조해지며 쉽게 산만해진다. 의욕적으로 일을 잘 처리하면 집중력이 더욱 향상되어 도파민 분비가 활성화되고 이는 기쁨을 느끼게 해준다. 기쁨을 느낀 아이는 또다시 기쁨을 맛보기 위해 새로운 도전을 이어나간다. 누군가의 지시가 아닌 내가 스스로 결정하고, 스스로 해냈을 때 많은 양의 도파민이 분비된다.

빌 게이츠는 중학교 때 처음으로 컴퓨터를 접했다. 그는 공부는 뒷전이었고 종일 컴퓨터만 만졌다. 이때 빌 게이츠의 아버지는 아들을 혼내거나 잔소리하지 않았다. 그저 아들에게 주간 공부 계획표를 짜고 독서할 시간을 정해 책을 읽도록 했다. 빌 게이츠는 약속한 공부를 하고 독서를 했다. 스스로 세운 계획이라 지킬 수 있었다. 또한 계획표를 완벽하게 수행해냈다는 생각에 기뻐하였다. 만약 빌 게이츠의 아버지가 공부하라고 잔소리했다면 빌 게이츠가 도파민의 기쁨을 느꼈을까! 계획한 것을 이루었을 때 느끼는 기쁨을 안 아이는 더 큰 기쁨을 위해 달려간다.

잔소리는 스스로 해보겠다는 의욕을 없앤다. 자녀가 스스로 선택하고 그에 따른 결과에 책임지도록 하는 것이 의욕을 키워주는 방법이다. 스스로 선택하고 책임진다는 것은 부모가 자녀의 생각과 의견을 존중하는 것을 의미한다. 존중받은 자녀는 기쁨을 느끼고 자존감이 높아진다. 의욕은 높은 자존감을 동반한다. 자신이 해낼 수 있다는 확신을 바탕으로 의욕이 커지고 자존감 역시 높아진다. 기쁨을 주는 도파민은 호기심이 충족될 때도 발생한다. 내가 궁금했던 것을 알게 되었을 때 기뻤던 적이 있을 것이다.

아르키메데스는 왕에게서 왕관이 순금인지 아닌지를 알아내라는 명을 받았다. 아르키메데스는 왕관을 훼손하지 않고 순금인지 아닌지를 알아낼 방법을 고심했지만 쉽지 않았다. 그러다 목욕을 하려고 물속으로 들어갔다가 수위가 높아지는 것을 알았다. 그는 왕관을 물속에 넣어 무게를 달면 황금의 밀도를 알 수 있다는 것을 깨달았다. 이를 발견한 그는 너무 기쁜 나머지 "유레카!"를 외치며 알몸으로 거리를 달렸다고 한다. 너무 기뻐서 벗은 몸이라는 것조차 잊은 것이다. 호기심이 충족될 때 기쁨이 얼마나 큰 지 알려주는 이야기이다.

호기심 충족의 기쁨을 경험한 아이는 더 큰 기쁨을 찾고자 한다. 새로운 지적 호기심을 찾고 발견하는 과정을 통해 의욕이 발생한다. 의욕은 스스로 생각하고 세상을 헤쳐나가 성장하게 해주는 힘이 된다. "넌 공부만 잘하면 된다. 아무 생각하지 말고 공부만 해."라고 자녀의 의욕을 꺾지 말자. "네가 하고 싶은 게 뭐야? 넌 어떤 방법이 좋겠니?" 내 자녀가 스스로 결정하고 책임질 수 있도록 하자.

#주도적으로 꿈을 향해 달려가는 아이

"넌 뭐가 되고 싶어?"

"선생님, 요즘에는 공무원이 젤 좋아요."

"누가 그래?"

"아빠가요. 아빠가 무조건 공무원 하랬어요."

중학교 2학년 학생과 나눈 대화다. 몇 년 뒤 학생은 대학 진학을 접고 몇 년간 공무원 시험 준비를 했지만 결국 공무원이 되지 못했다.

꿈은 누구도 대신하여 결정할 수 없다. 꿈을 꾸고 이를 이루어나가야 할 자신의 몫이다. 부모는 자녀가 스스로 꿈을 정하고 가꾸어 가도록 지원해 주어야 한다. 스스로 자신의 꿈을 가꾸어 나갈 때 아이의 의욕은 활활 타오른다. 부모의 강요로 공무원이 되고자 한 아이와 스스로 뜻을 품고 공무원이 되고자 한 아이는 마음가짐부터 다르다. 스스로 공무원이 되고자 했던 아이는 의욕적으로 공부에 매달렸을 것이다. 하지만 스스로 결정하지 않은 아이는 무슨 일이 생기면 금세 포기한다.

자녀가 주도적으로 자신의 꿈을 키워가기 위해서는 먼저 자기 자신을 기대할 수 있도록 해야 한다. 과학자가 되고 싶은 아이에게 "넌 꼭 과학자가 될 거야."라는 말보다 "어떤 과학자가 되고 싶니?", "과학자가 되면 무엇을 할 수 있을까?"와 같은 질문으로 자녀가 스스로 상상하고 기대할 수 있도록 해주어야 한다. 자신이 과학자가 되어 큰일을 해내는 모습을 상상하게 해야 한다. 이런 기대감이 자녀가 주도적으로 꿈을 꾸고 꿈을 이루는 데에 힘을 실어 준다.

두 번째, 자녀가 잘하는 것이 무엇인지 함께 찾아야 한다. 누구나 잘하는 것이 있다. 다만 부모는 공부라는 틀에 갇혀 자녀가 잘 하는 것을 보지 못한다. 학습능력에 집중하기 때문에 자녀의 타고난 특성과 재능을 발견하지 못하는 경우가 많다. 부모가 자녀와 함께 재능을 찾는 것이 중요하다. 재능을 칭찬하고 격려하며 자녀가 잘하는 것을 키우는 것이다. 그 과정에서 슬럼프가 올 수도 있다. 장애물을 만날 수도 있다. 하지만 스스로 선택한 길이니 멈추지 않고 조금은 느리지만 극복하기 위해 노력할 것이다. 부모에 의해 꿈을 가진 아이는 슬럼프나 장애물을 만나면 당황하고 그 자리에 주저앉는다. 아기는 만 번을 넘어져야 걸을 수 있다고 한다. 우리 자녀는 강하게 태어났다. 부모가 강한 칼날을 무디게 만들고 있지는 않은지 돌아보야야 한다.

육아에 지쳐있는 나에게 누군가 "꿈이 뭐예요?"라고 물어주었을때 가슴이 설레었다. 어른이 된 나도 꿈을 생각하면 설레고, 삶에 활력이 생기며, 의욕이 넘치는데 우리 자녀는 어떻겠는가!

세상에 당당한 아이

> "나는 24살에야 대학에 들어갈 수 있었다. 뒤처졌지만 홀로 살고 있다는 생각과 매사를 스스로 해결해야 한다는 현실은 내 모든 정신을 공부에 집중하게 만들었다. 더는 믿을 사람이 없을 때 자신을 믿게 된다. 그러니 나를 무시하던 사람과 사회가 쉽게 던지는 평가들에 무너지도록 자신을 절대 그대로 내버려 두지 마라."

여성의 참정권도 없는 시기, 1903년 여성 최초로 노벨상을 수상했고, 1911년 노벨 화학상까지 받으며 세계 최초로 노벨상을 두 번이나 수상한 마리 퀴리의 1888년 일기의 한 내용이다. 마리 퀴리는 소로본 대학 최초의 여교수이기도 했다. '여성'이란 한계를 뛰어넘은 과학자이자 위대한 인간이었다. 과학적 업적을 남긴 그녀의 삶은 순탄하지 않았다. 당시 폴란드는 러시아의 지배를 받고 있었다. 폴란드어로 수업을 받을 수 없는 환경이었다. 마리의 어머니는 그녀가 10살 때 결핵으로 숨졌고 아버지는 정치적인 이유로 해고당하였다. 마리는 공립학교를 수석으로 졸업했지만 여성으로 갈 수 있는 대학은 없었다. 가정 형편 역시 넉넉하지 못하였다. 마리는 가정교사를 하며 돈을 벌어 파리에 있는 언니의 학업을 도왔다. 이후 언니가 학업을 마치자 파리로 넘어가 이민자로서 학업을 이어갈 수 있었다.

마리는 남편과 함께 수많은 과학 업적을 남겼다. 둘은 한 여름에도 불 앞에서 광석을 녹여 새로운 원소를 얻는데 성공한다. 폴로늄과 라듐이다. 그 결과 둘은 노벨상을 수상한다. 그러나 마리 퀴리는 여성이라는 이유로 노벨상 시상식에 가지 못하였다. 마리는 남편의 죽음 이후에도 여러 가지 구설수로 힘들게 연구를 이어갔다. 그럼에도 그녀는 더 나은 세상을 꿈꾸며 쉬지 않고 연구하였다. 마리 퀴리의 환경은 고통과 어려움의 연속이었다. 하지만 마리는 그 상황에 굴복하지 않고 자신을 믿음으로 더 나은 미래를 우리에게 가져왔다.

#내면이 단단한 아이

"노력의 진가는 우리를 더 높은 곳, 더 좋은 결과로 이끌어 주는 것이 아니라, 우리에게 '노력해봤다는 경험'을 주는 것이라고 생각한다."

송영준 서울대생이 쓴 《공부는 절대 나를 배신하지 않는다》

라는 책에 나온 이야기다. 송영준 군은 2020년 수능 만점자다. 식당에서 힘들게 일하는 홀어머니와 지내며 넉넉하지 않은 형편 때문에 그 흔한 학원이나 과외 한번 없이 개인 노력으로 성과를 일구었다. 그는 사회적 배려 대상자 전형으로 김해외고에 진학해 반 편성고사에서 큰 좌절감을 느꼈다. 첫 시험에서 127명 중 126등이었다. '공부는 내 길이 아니다.'라는 생각과 어려운 가정 형편으로 빨리 취업해 어머니 짐을 조금이라도 덜어 드리고 싶었다. 입학 일주일 만에 담임선생님에게 "공고로 진학하겠다."라며 상담 신청을 했다. 그때 담임선생님은 그를 믿어주고 붙잡아 주셨다. 선생님의 믿음에 보답하겠다는 일념으로 공부에 전념했다. 학원에서 선행학습을 한 친구들은 수업 시간에 흥미를 잃고 잠을 청했다. 그는 그런 친구들을 넘어서기 위해 열심히 했지만, 그러지 못했다. 자신보다 덜 노력하는 친구들이 더 높은 성적을 받는 것이 억울했고, 친구들을 이겨보고 싶은 오기가 발동해 열심히 공부했다. 그렇게 그는 자신만의 공부법을 찾게 되었고 그 결과 사교육 없이 2020년 수능 만점자가 되었다.

어느 기자가 "어느 정도 노력해야 목표를 이룰 수 있느냐?"는 질문에 그는 "수능이 끝났을 때 한 치의 미련도 남지 않고, 다시는 수험 생활을 하고 싶지 않다는 생각이 들 정도로 공부했을 때"라고 말했다. 그리고 "노력을 통해 작은 성공을 이뤄본 사람은 어떤 상황에서도 실패를 생각하지 않게 된다."는 말도 덧붙였다.

그의 이야기를 접하면서 "이제 막 수능을 마친 학생의 말이 맞을까?"라는 의문이 생길 정도로 내공이 있는 아이라는 것을 알았다. 그는 일찍 실패와 좌절을 경험했다. 그는 실패와 좌절을 딛고 일어서는 방법 또한 일찍 터득했다. 그 과정에서 성취감이라는 도파민이 가득한 희열을 맛보았고, 세상을 대하는 태도에 대한 노하우도 터득할 수 있었다. 그의 마음속에는 오뚝이처럼 단단한 마음의 추가 있었다. 오뚝이는 100번 넘어지면 100번 다시 일어난다. 앞으로 그의 앞날에 전교 꼴찌라는 타이틀보다 더 큰 좌절이 올 수도 있다. 하지만 단단한 내면을 갖고 마음의 추를 가진 송영준 학생은 오뚝이처럼 다시 일어날 것이다.

마리 퀴리와 송영준 학생은 자신을 신뢰했다. 자신의 현실을 부정하지 않고 자신을 신뢰하는 것을 에너지 동력으로 삼아 난관을 이겨나갔다. 자신을 신뢰하고 믿는 것과 반대되는 말은 바로 열등감이다. 열등감은 자신을 신뢰하지 못하기 때문에 겉으로 보이는 모습에 집중한다. 자신이 외면적인 모습에 집중하며 내면을 건강하게 다스리지 못한다.

유대인은 겉치레를 중요하게 생각하지 않는다. "항아리의 겉모양을 보지 말고 내용물을 보라."라는 유대인의 격언이 있다. 겉모양이 아닌 그 안에 담긴 것을 중요하게 생각하는 것이다. 스티브 잡스의 시그니처 복장은 청바지와 검정 티셔츠이다. 대부분 사람은 연설이나 강연을 할 때, 화장도 하고 헤어스타일이나 옷에도 신경을 쓴다. 하지만 스티브 잡스는 단출한 복장을 입고 나와 제품을 소개한다. 하지만 그 누구도 그를 만만하게 보지 않는다.

페이스북의 창업자 마크 저커버그는 항상 회색 티를 입는 것으로 유명하다. 그에게 왜 같은 옷만 입느냐고 질문했다. "옷을 고르는 것은 집중력을 흐트러트릴 뿐이다. 그 에너지를 좀 더 좋은 제품과 서비스를 만드는 데 쏟고 싶다."라고 말해다. 마크 저커버그 또한 내면을 단단하게 만드는 일에 집중했다. 버락 오바마 전 미대통령도 그랬다. 오바마는 남색이나 차콜색 정장을 주로 입었다. 오바마는 자신의 옷차림에 대해 다음과 같이 말했다. "저는 옷을 결정하는 일을 되도록 줄이려고 합니다. 그것 말고도 결정해야 할 일이 너무 많기 때문입니다." 스티브 잡스, 마크 저커버그, 버락 오바마는 겉치레에 에너지를 쏟지 않았다. 사람은 내면에 무엇을 담고 있는지가 중요하다. 화려한 외모가 아니라 내면이 얼마나 단단하지 얼마나 많은 신념과 지혜를 가졌는지가 중요하다.

내 자녀가 공갈빵이 되기를 원하는가. 부모가 봉긋하게 겉을 만들어 주어도 아이의 내면이 비어있다면 금세 찌그러진다. 결국 아이가 스스로 생각하고 스스로 질문하며 스스로 깨우친 삶에서 내면의 강함을 얻는다. '어리다'는 이유로 부모가 결정해 주고 길을 제시해준다면, 독립할 시기가 왔을 때, 혼란에 빠지고 갈 길을 잃고 만다. 어려서부터 스스로 생각하는 힘을 기르도록 해주자. 유아기부터 가정에서 부모와 함께 하브루타 스피치를 통해 스스로 자신을 성찰하고 질문하여 내면의 지혜를 다져온 아이는 단단한 내면의 힘을 기른다. 내면의 힘을 가진 아이는 제 몫의 역할을 충분히 해내는 어른으로 성장한다.

세상에 감사하는 아이

#감사함을 아는 아이

아이가 세상에 태어나던 날을 기억해보자! 꼬물꼬물 열 손가락을 움직이는 모습에 감격해 울었을 것이다. 커가면서 재롱떠는 모습, 잘 먹고 잘 자고 아프지 않은 것에 감사했다. 아이 존재 자체로 감사했다. 그런데 어느 순간, 기대에 못 미치는 자녀 모습만 보이고 마음에 들지 않게 된다.

감사를 모르는 삶은 행복과 거리가 멀다. 아이가 내 말을 듣지 않아 힘들고, 직장에서는 일이 많아 힘들고, 집에 오면 집안일이 쌓여 있어 힘들고 화가 난다. 하루하루 힘듦의 연속이니 작은 불씨에도 화가 불타오른다. 화가 나면 교감신경이 작용해 신경전달물질인 아드레날린이 분비된다. 이것은 부신을 자극해 스트레스 호로몬인 코티솔을 분비시킨다. 스트레스가 올라가면 혈액이 근육으로 몰려 혈압, 혈당이 올라가고 심장박동이 빨라진다. 우리 몸은 스트레스로 예민하고 흥분하게 된다.

감사하는 사람에게도 힘든 일이 생긴다. 이들은 힘든 상황이 없는 것이 아니라 힘듦에도 감사거리를 찾는다. 생각을 바꿔 보자. 자녀가 부모의 말을 듣지 않는다는 것은 자녀가 자기만의 생각을 갖게 된 것이다. 정체성이 형성되는 단계를 지나고 있는 것이다. 직장에 일이 많다면, 불경기에도 회사가 잘 되고 있다는 것이다.

힘든 순간에도 감사를 찾으면 우리 뇌의 측두엽 중 사회관계를 형성하는 부분과 즐거움에 관여해 쾌락을 추구하는 부분이 활성화되어 도파민, 엔도르핀, 세로토닌이라는 행복 호르몬이 만들어진다. 행복 호르몬은 스트레스로 불안정했던 혈압, 혈당, 심장박동을 안정시켜 근육이 이완되게 한다. 그로 인해 마음이 편안해진다. 세상을 바라보는 시각이 긍정적으로 변한다. 어려운 환경도 감사로 이겨낼 수 있게 된다.

진정한 감사를 알기 전에는 확실히 눈에 보이고 손에 넣을 수 있는 것만이 감사거리라고 생각했다. 그러니 감사할 일이 적었다. '내가 그렇지.'하고 자신을 비하하며 자존감을 낮추었다. 자존감이 낮아지면 더욱더 부정적이게 된다. 진정한 감사는 감사가 이미 내 마음속에 있다는 것을 안다. 누구에게나 장애물은 있다. 대다수의 사람들은 장애물을 문제로 인식하고, 감사할 일은 당연하다고 생각한다. 나쁜 일이 있으면 몇 번이고 곱씹어 점점 더 부정적으로 생각한다. 당연한 것은 없다. 당연하다고 생각한 모든 일이 감사거리임을 알아야 한다.

오늘 하루 맑은 하늘이 감사하고, 미세먼지가 적은 것에 감사하다. 비가 오면 비가 와서 감사하고, 흐린 날도 흐려서 감사하다. 사계절이 있어서 감사하다. 출근길에 살랑살랑 불어오는 바람에 감사하다. 등 대고 누울 내 집이 있어 감사하다. 당연한 것들에 감사하게 되면 불평불만이 없어진다. 마음의 여유가 생기고 마음의 그릇이 넓어진다.

내 자녀가 스트레스로 부정적인 아이가 되기를 바라는 부모는 없다. 부모와 함께 감사를 알아간다면 아이는 점차 긍정적이고 행복을 아는 아이가 될 것이다. 하브루타 스피치는 부모와 자녀의 밥상머리 교육을 중요시한다. 함께 식사하며 오늘 하루 있었던 일 중 감사할 거리를 함께 나누는 것이다. 부모가 먼저 오늘 하루 있었던 감사한 일, 어려움 속에도 감사하기로 작정했던 일들을 나누자.

자녀와 함께 감사일기를 쓰는 것도 좋다. 하루에 서너 가지 감사했던 일을 적어본다. 자녀가 글을 쓸 줄 모른다면 감사 그림일기도 좋다. 그림 아래에 부모가 자녀의 감사를 받아 적어주면 된다. 주의할 것은 자녀의 감사일기, 감사 그림일기를 평가하지 않고 있는 그대로 수용하는 것이다.

감사의 힘을 아는 자녀는 일상이 지루하고 단조롭지 않다. 하루하루가 드라마틱하다. 높고 어려운 장애물도 거뜬히 이겨내는 아이로 성장한다. 장애물이 있어도 그 속에서 감사함을 찾는 아이는 행복 호르몬으로 행복 근육을 만들어 갈 것이다.

#작은 파티 속에서 크는 아이

둘째 아이를 낳고 산후조리원에서 집에 온 날, 첫째 아이를 위해 파티를 했다. 이름하여 '누나 된 기념 파티'였다. 남편과 함께 백화점에 들러 선물과 케이크를 샀다. 저녁을 먹고 누나 기념 파티를 해주었다. 우리 부부는 첫째 아이에게 남동생이 생긴 것은 기쁜 일이라는 것을 알려주고 누나가 된 것을 축하해 주고 싶었다. 동생이 부모님의 사랑을 빼앗아가는 존재가 아니라는 것을 알고 기쁜 마음으로 동생을 받아들이기를 바랐다. 친정엄마는 "애가 뭘 안다고. 별걸 다 한다."라고 타박하셨다. 사실 내가 어릴 때만 해도 파티 문화가 없었다. 그러니 누나 된 기념 파티라니! 부모님 눈에는 우리 부부가 유별나게 보였을 것이다.

파티라고 꼭 성대하고 거창할 필요는 없다. 큰 파티보다는 작은 파티를 자주 하는 것이 좋다. 파티를 자주 연다는 것은 그만큼 축하할 일이 많다는 것이다. 우리는 대부분 비슷한 일상을 살고 있다. 그런데 어느 가정은 웃음이 가득하고 또 어느 가정은 무미건조하다. 두 가정의 차이는 작은 것에 감사하고 축하하는지에 있다.

"네가 한 학년을 무탈하게 마무리하고 새로운 학년을 맞이

하니 감사하고 축하해."

학생이라면 새로운 학년을 맞이하는 것은 누구나 겪는 과정이다. 대부분 이 과정을 당연하게 여긴다. 감사함을 아는 가정은 당연한 일에서도 감사함을 찾는다. 한 학년을 무탈하게 마무리해서 감사하고, 새로운 학년이 된 것을 축하한다. 이를 축하하는 작은 파티를 열어보자. 파티에 꼭 케이크가 있어야 하고 비싼 음식이 있어야 하는 것은 아니다. 초코파이에 초 하나만 꽂아도 충분하다. 소소하고 조촐한 작은 파티의 큰 의미는 당연한 일상 속에서 감사함을 알고 가족끼리 축하하는 시간을 가지는 것이다. 가령 자녀가 며칠 끙끙 앓던 문제를 해결했을 때, 싸웠던 친구와 화해했을 때, 자녀가 목표를 정해서 응원이 필요할 때 등 수많은 상황에서 작은 파티를 여는 것이다. 아이는 이 과정에서 일상 속에 수많은 감사할 일이 있다는 것을 알게 된다. 자신을 위해 시간을 내서 파티를 하면 아이는 자신이 중요하고 소중한 사람이라고 생각한다.

누나 기념 파티를 받은 첫째 아이는 둘째 아이를 의도적으로 괴롭힌 적이 없다. 아이의 불안한 마음을 감사함으로 채우기 위한 우리 부부의 노력을 첫째 아이가 느낀 것이다. 어른들도 낯선 환경에 스트레스를 받는다. 아이들은 더할 것이다. 아이들은 동생이 생기면 경쟁상대가 생긴 것 같아 불안해한다. 불안한 마음은 아이에게 엄청난 스트레스가 된다. 불안한 마음이 지속되면 면역력이 떨어져 몸도 아프다. 아이들이 처음 어린이집을 가거나 학교를 입학할 때 불안해한다. 아이의 불안함을 그 시기에는 모두 그렇다며 대수롭게 여겨 당연하게 넘기기보다 이 상황이 낯설고 힘들지만 좋은 과정이 될 것이라는 격려와 지지를 담은 작은 파티를 열어주자. 자신의 불안한 마음을 부모가 알아주고 이를 잘 이겨낼 수 있도록 가족들이 응원하면 아이는 용기를 얻는다. 불안함을 극복하는 마음의 힘이 생긴다. 이렇듯 작은 파티는 큰 힘이 있다.

세상에 와서 행복할 줄 아는 아이

#행복은 기다리는 것이 아니라 찾아내는 것

'기회의 신'이 있다. 기회의 신은 앞머리는 숱이 무성하고 뒷머리는 대머리이다. 양발 뒤꿈치에는 날개가 있고 양손에는 각각 저울과 칼을 들고 있다. 기회의 신이 이런 모습인 이유는 기회를 알아챈 사람이 앞머리를 잡아 기회를 잡도록 하기 위해서다. 하지만 뒷통수가 대머리라서 기회가 지나가면 잡을 수 없다. 기회의 신은 기회를 잡은 사람이 하늘로 훨훨 높이 날아가고, 놓친 사람은 다시 만나지 않도록 도망가기 위해 양발 뒤꿈치에 날개를 달고 있다. 저울은 기회를 정확하게 판단하기 위해서, 칼은 기회를 잡을 때 불필요한 것들은 단호하게 잘라내기 위해 들고 있는 것이다. 기회는 준비된 자에게 온다. 준비하지 않으면 기회가 와도 놓친다. 대부분 사람은 기회를 준비하지 않고 하늘만 바라보다가 기회가 왔을 때 이를 알아채지 못하고 놓치고 만다. 행복도 마찬가지이다. 행복을 맞이할 준비를 해야 행복해진다. 그렇지 않으면 행복이 와도 행복인지 알아차리지 못한다.

부모는 자녀가 행복하기를 바란다. 좋은 대학에 입학하고 좋은 직장에 취업하기를 바란다. 좋은 대학, 좋은 직업이 내 아이의 행복이라고 착각한다. 좋은 대학과 직장은 행복의 한 조각일 수 있다. 행복은 무수히 많은 방향성으로 우리 앞을 날아다닌다. 작은 조각만 좇는다면 행복을 놓칠 수 있다.

뇌가 활동적이면 행복을 더 잘 찾을 수 있다. 뇌가 활발하게 움직인다는 것은 생각을 많이 한다는 것이다. 생각을 많이 하면 수많은 방향성을 찾게 되고, 곳곳에서 날아오는 행복을 쉽게 알아차려 내 것으로 만들 수 있다. 하지만 뇌가 격동적으로 움직이는 시기에 부모가 정해 놓은 계획에 맞춰 입시에만 매달린다면 내가 획득할 수 있는 행복은 줄어든다. 자녀의 뇌가 격동적으로 움직이는 시기가 지나서야 부모의 입시 계획은 끝난다. 그러나 이미 아이는 스스로 생각하는 근육이 없어졌기 때문에 행복이 어디서 어떻게 오는지 모른다. 행복이 와도 행복인지 모른다.

행복은 멀리 있지 않다. 행복의 파랑새는 가까이에 있다. 벨기에의 극작가이자 시인, 모리스 마테를링크의 동화극 《파랑새》를 읽거나 들어보았을 것이다. 가난한 나무꾼의 자녀인 틸틸과 미틸 남매는 꿈속에서 자신의 아픈 딸을 위해 행복의 파랑새를 찾아달라는 요술쟁이 할머니의 부탁을 받고 길을 떠난다. 남매는 추억의 나라, 밤의 궁전, 달밤의 묘지 등 신비한 곳들을 돌아다녔지만 결국 파랑새를 찾지 못한다. 그리고 지쳐 돌아온 집에 그 파랑새가 있음을 알게 된다. 《파랑새》는 행복은 먼 곳에 있는 것이 아니라 늘 가까운 곳에 있다는 것을 알려준다.

행복은 우리 주변을 맴돌고 있다. 내가 어렸을 때 아버지는 주말마다 가족을 데리고 여행을 많이 다녔다. 숲이 울창한 곳, 맑은 물이 흐르고, 송사리가 헤엄치는 곳 가까이에 텐트를 치고 우리를 놀게 하셨다. 여름이 되면 소나기를 종종 만나기도 했다. 그러면 텐트 안으로 들어가 엄마와 함께 배를 바닥에 깔고 엎드려 빗방울이 나뭇잎에 떨어지는 소리를 들었다. 맑은 물에 떨어져 동그라미를 그리는 빗방울도 보았다. 텐트 위로 떨어지는 빗방울 소리에 귀를 기울이다가 스르르 잠이 들기도 했다. 빗방울 소리를 자장가 삼아 자고 일어나면 비는 멈추고 나뭇잎 위에 빗방울이 빛을 받아 반짝거렸다. 너무 행복했다. 비가 오는 날 길가의 나뭇잎에 맺힌 물방울을 볼 때, 창가에 떨어지는 빗방울 소리를 들으면 어릴 때 기억이 나면서 행복해진다. 그 시절 그때 행복했기에 지금의 나도 행복하다. 만약 우리 부모님이 소나기가 온다고 짜증을 내며 캠핑을 접었다면 나는 빗방울을 보면 화와 짜증을 기억했을 것이다. 자녀의 행복은 부모에게서 온다. 부모가 즐거움을 알고 행복을 알고자 한다면 자녀도 행복을 아는 아이가 된다.

집안에서도 행복은 많은 방향에서 찾을 수 있다. 자녀와의 놀이, 대화, 식사 등 행복은 어디나 있다. 행복은 기다리는 것이 아니다. 내 주변 있는 행복을 찾아서 누리는 것이다. 행복은 보물찾기 게임이다. 주변을 둘러보자. 다양한 모습을 한 행복이 우리에게 발견되기를 바라고 있다.

#'나'이기에 행복한 절대적인 행복

"아프리카 힘든 나라에 사는 아이들은 밥이 없어서 굶주리는데, 너는 왜 이렇게 반찬투정에 밥을 안 먹니? 복인 줄 알아야지?"

식당에서 식사를 주문하고 기다리는데 옆 테이블에서 성내는 목소리가 들려왔다. '아이가 밥을 먹지 않으니 얼마나 속이 상할까?' 공감하지만 조금 놀라기도 했다. 가난한 아프리카 어린이들을 돕자는 공익광고가 있다. 이 광고는 도움을 요청하는 것이지 자녀를 훈육하기 위한 도구는 아니다.

상대적인 행복과 절대적인 행복이 있다. '저 친구보다 내가 가진 것이 많으니 나는 행복해.' 이 행복은 상대적이다. 상대적인 행복은 비교에서 온다. 둘을 가진 친구가 하나를 가진 친구를 보고 행복하다고 느끼는 것이다. 비교로 행복을 느끼면 좋은 걸까? 그렇지 않다. 둘을 가진 친구는 열을 가진 친구를 보면 상대적 박탈감을 느낀다.

자녀가 열심히 공부했는데 지난번과 같은 80점을 받아 속상해 한다. 성적은 상대적 행복이다. 100점 맞으면 행복하고 80점 맞으면 행복하지 않은 것이 아니다. 열심히 공부한 아이의 노력, 공부할 수 있다는 가능성을 아는 것이 행복이다. 친구가 멋진 변신 로봇 장난감을 선물로 받은 것을 자랑했다. 이를 바라보는 아이가 부러워서 속상해한다. 우리는 누군가 가지고 있는 것을 부러워하고, 가지길 원한다. 당연하다.

사람은 저마다의 재능이 있다. 어떤 이는 그림 그리는 재능을, 어떤 이는 글 쓰는 재능을, 어떤 이는 운동하는 재능을 가지고 태어난다. 모든 재능을 다 가질 수 없다. 모든 걸 가지지 않았기에 서로 부러워할 수 있다. 내가 다른 이의 재능을 보고 부러워할 수 있고, 또 누군가는 나의 재능을 부러워할 수 있다.

아이가 밥을 먹지 않는다고 해서 "이것도 못 먹는 아이들이 얼마나 많은데 너는 복 받은 거야."라고 말한다면 아이는 남들과 비교해서 행복해지는 것이다. 참 행복이 아닌 상대적 행복이다. 이런 사람은 더 가진 사람을 보면 불행해진다. 상대적 행복과 상대적 박탈감을 알게 된 아이는 남들보다 더 소유하기 위해 아등바등 경쟁하며 살게 된다. 그런 삶의 태도는 행복과 거리가 멀다.

자녀가 행복하기를 바란다면, 행복이 무엇인지 부모가 알려줘야 한다. 가지지 못한 것이 부러울 수는 있겠지만 그것이 없다고 불행한 것은 아니라고 가르쳐야 한다. 부러움과 시기심은 행복과 거리가 멀다. 성적이 오르지 않는 것과 행복은 별개이다. 부모님이 원하는 요구조건을 들어 주지 않는 것과 불행은 별개다. 예를 들어 똑같은 상황에서도 어떤 이는 불같이 화를 내고 어떤 이는 웃으면서 넘긴다. 상황을 보는 마음이 다르기 때문이다. 똑같은 시간을 공부하고 똑같은 성적이 나왔을 때, 어떤 아이는 '그래도 열심히 공부하는 법을 알았으니 다음엔 성적이 잘 나올 거야.'라고 생각하고 어떤 아이는 '이번에 진짜 열심히 공부했는데. 나는 안 되나 보다.'하고 좌절한다. 어떤 아이가 행복할까? 당연히 감사로 상황을 바라본 아이이다.

"옆집 아이는 이번에 전교 1등이라네.", "형은 이렇게 잘 하는데 넌 이것도 못하니?" 등 아이를 비교하며 평가하지 않아야 한다. 그저 자녀의 모습 그대로를 사랑하자. 그래야 '누구보다 더' 행복한 것이 아닌 '나 자신이기에' 행복한 아이가 된다.

세상을 함께
살아가는 아이

#쩨다카의 정신

대치동에서 학원을 운영하는 어느 선생님께서 "내가 키운 아이들의 학습 수명은 최대 30년입니다. 그걸 알면서도 이 일을 하는 건 내 목구멍이 포도청이라 어쩔 수 없습니다."라고 고백했다. 열심히 공부하며 달려간 우리 자녀의 학습 수명이 고작 30년이다. 100세 시대에 고작 30년. 30년이 지나면 혼자 달려간 우리 아이의 생활은 무너지게 된다. 자녀가 제대로 100세 인생을 살기 위해서는 '우리'를 가르쳐야 한다. 바로 공동체 정신이다.

"주변의 유대인이 가난하면 그것은 우리의 책임이다."

유대인 문화 중에 하브루타와 함께 나눔의 정신을 잘 보여주는 것이 '쩨다카' 이다. 하브루타는 지적인 내용을 소통하며 나누는 것이고 쩨다카는 물질적인 소유를 나누는 것이다. 자신의 지적 자산과 물질적 자산을 나눔으로 내 가족, 친구, 이웃이 스스로 자립할 수 있도록 돕는다. 자립의 도움을 받은 사람은 또 다른 이들의 자립을 돕는다.

진정한 하브루타는 상대를 나에게 맞추어 바꾸려 하지 않는다. 상대를 있는 그대로 존중하며 상대의 재능을 스스로 발견하여 키워 갈 수 있도록 도와준다. 하브루타 스피치는 자기 생각을 논리적으로 설명하고 설득한다. 상대에게 내 생각을 강요하지 않는다. 상대의 생각과 가치관을 존중하며 배려한다. 하브루타 스피치는 자신의 개성을 뚜렷하게 표현하면서 상대를 배려하고 설득하여 함께 이끌어가는 힘을 준다.

유대인은 어렸을 때부터 자신뿐 아니라 남을 위해서도 저축을 한다. 유대인이 지켜야 할 613개의 계명 중 하나인 '쩨다카'는 유대 민족 역사상 가장 위대한 혜안이 담긴 도덕으로 꼽힌다. 유대인은 하나님께서 자신들을 긍휼하게 돌보신다고 믿는다. 그리고 하나님으로부터 받은 선물에 대해 감당해야 할 책임이 있다고 생각한다. 유대인은 몇 천 년을 나라 없이 떠돌아 다닌 역사적 아픔도 있기에 공동체의 약자들을 한 몸으로 생각하고 돌보는 일을 중요한 규율로 삼았다. 서로 나누어 함께 살아가야 하는 마음을 어릴 때부터 보고 배우고 실천했기에 쩨다카는 삶의 일부였다.

쩨다카와 하브루타는 금전적인 것과 정신적인 것을 함께 나눈다. 유대인은 재능이나 지식도 기부할 수 있는 자산으로 여긴다. 많이 배운 사람은 지식의 욕구가 있는 이에게, 많이 가진 사람은 물질이 부족한 이에게 지식과 경험, 물질을 나눈다. 여기서 그치지 않고 도움을 받아 성공하면, 또 다른 이를 돕는다. "빨리 가려면 혼자 가고, 멀리 가려면 함께 가야 한다."라는 아프리카 속담이 있다. 유대인은 함께 간다. 혼자가 아닌 함께하는 것, 함께 성장하는 것이 삶의 일부가 되었다.

스티브 잡스의 기부는 잘 알려지지 않았다. 그가 자선을 당연한 것으로 생각하여 알리지 않았기 때문이다. 스티브 잡스는 캘리포니아 스탠퍼드병원에 5천만 달러를 기부했다. 그의 기부로 스탠퍼드병원은 어린이 병동과 새로운 병원 건물을 더 지을 수 있었다. 애플에 있을 당시 그는 록밴드 U2의 리드 싱어이자 사회 활동가인 보노가 주도하는 에이즈 퇴치 프로젝트 '레드'의 주요 후원자로 국제 에이즈 퇴치 기금을 지원하기도 했다. 잡스의 부인인 로린 파월 잡스는 저소득층 학생들의 교육을 돕기 위한 '칼리지 트랙'과 사회개혁을 선도하고 교육개혁 벤처에 전략적 투자를 하는 '에머슨 컬렉티브'를 설립해 활동하고 있다.

마크 저커버그 부부도 2015년 12월 2일 딸의 출산 소식을 알리며 딸에게 공개 편지를 썼다. 이 편지에는 그들 부부가 '챈 저커버그 이니셔티브'를 설립하겠다는 내용이 있다. 당시 시가 약 450억 달러(52조 원)인 그의 페이스북 지분 중 99%를 살아있는 동안 챈 저커버그 이니셔티브에 기부할 예정이라고 밝힌 것이다. 이처럼 유대인은 공동체를 위해 노력한다.

공동체 의식을 잘 나타내는 문화가 또 있다. 바로 사업에 실패하면 유대인 공동체에서 세 번까지 무이자 대출을 신청할 수 있다. 유대인은 실패를 자산으로 여긴다. 사업을 하면 실패를 경험하는 것을 당연하게 생각하고 이를 배움의 기회로 여긴다. 두 번 사업에 실패하면 그 실패에서 배운 노하우로 세 번째는 성공할 수 있다고 생각한다. 이 문화는 현재 미국 실리콘 밸리에서도 볼 수 있다. 유대인은 이 제도를 허투루 사용하지 않는다. 무이자 대출 회수율은 약 80% 정도로 높은 편이다. 대출로 인해 성공한 사업가들은 자신이 대출한 금액보다 더 많은 금액을 기부한다. 이렇게 공동체 의식을 위한 선순환은 계속된다. 유대인의 공동체 의식, 기부 문화, 도덕성은 유대인을 더욱 저력 있는 민족으로 만들었다.

우리는 성공을 위해 경쟁을 한다. 함께 가기보다 앞서 가려고 한다. 경쟁에서 이겨 공부를 잘해 좋은 대학을 가고, 좋은 직장을 다니는 것을 목표로 삼는다. 자녀에게 좋은 것을 주고 싶은 게 부모의 마음이다. 부모는 최선을 다해 풍족한 삶을 자녀에게 제공하려고 한다. “넌 공부만 열심히 해. 엄마, 아빠가 다 해줄게.” 그러니 가정에서 아이는 왕이 된다. 각 가정의 왕들이 모인 학교생활이 순탄할 리 없다.

한 아이를 키우기 위해서는 마을 하나가 필요하다고 한다.

내가 어릴 때만 해도 동네 아이들은 다 같이 컸다. TV 드라마 〈응답하라 1988〉에서처럼 같이 밥 먹고, 같이 놀면서 함께 자랐다. 동네 아주머니는 나의 어머니가 되고, 친구의 어머니도 되었다. 동네 모든 아이의 어머니셨다. 끼니 때가 되면 밥 굶는 아이는 밥을 먹이고 잘못하면 혼내기도 했다. 엄마가 갑작스럽게 집을 비우게 되면 옆집에서 재우기도 했다. 그렇게 한 동네가 함께 아이를 키우다보니 아이들은 가족처럼, 친척처럼 자랐다. 내 것을 함께 나누며 배려하는 삶을 몸으로 익혔다. 사람은 혼자서 살 수 없다. '함께' 살아야 한다.

상대를 배려하고 함께 사는 방법을 가르치려면 부모가 먼저 그렇게 살아야 한다. 남을 배려하는 마음과 따뜻한 말 한마디, 내 것을 다른 이와 나누는 넓은 마음이어야 한다. 자녀의 인격은 하브루타 스피치를 통해 가정에서 키워줄 수 있다. 다른 이들과 함께하기 위해 양보하는 것이 결코 손해를 보거나 뒤처지는 것, 무언가를 잃은 것이 아님을 알게 해야 한다.

세상에 질문하는 아이로 키우는

하브루타 스피치

지은이 | 노우리
펴낸이 | 박상란
1판 1쇄 | 2021년 1월 15일
펴낸곳 | 피톤치드
교정교열 | 강지희 디자인 | 김다은
경영·마케팅 | 박병기
출판등록 | 제 387-2013-000029호
등록번호 | 130-92-85998
주소 | 경기도 부천시 길주로 262 이안더클래식 133호
전화 | 070-7362-3488
팩스 | 0303-3449-0319
이메일 | phytonbook@naver.com

ISBN | 979-11-86692-61-5 (13590)

「이 도서의 국립중앙도서관 출판예정도서목록(CIP)은 서지정보유통지원시스템 홈페이지(http://seoji.nl.go.kr)와 국가자료공동목록시스템(http://www.nl.go.kr/kolisnet)에서 이용하실 수 있습니다.(CIP제어번호 : CIP2020052205)」

•가격은 뒤표지에 있습니다.
•잘못된 책은 구입하신 서점에서 바꾸어 드립니다.